Lehrbuch

der

Geometrie

von

F. Wolff.

Zweiter Theil.

Stereometrie und sphärische Trigonometrie.

Fünfte verbesserte Auflage.

Mit zwei lithographirten Tafeln

Berlin.

Druck und Verlag von Georg Reimer.

1872.

Inhalt.

Seite

Erstes Kapitel.

Zweites Kapitel.

Drittes Kapitel.

Viertes Kapitel.

Fünftes Kapitel.

Sechstes Kapitel.

Siebentes Kapitel.

Erstes Kapitel.

Von den geraden Linien und den Ebenen.

§. 1.

Die Voraussetzung, welche für den ersten Theil der Geometrie gemacht worden, daß alle gleichzeitig vorkommenden Punkte und Linien in einer Ebene liegen, findet in dem gegenwärtigen Theile nicht Statt. Punkte und Linien sind hier nur dann in einerlei Ebene zu denken, wenn es besonders vorausgesetzt oder bewiesen ist.

§. 2.

Gerade Linien und Ebenen werden zuvörderst von unbestimmter Ausdehnung, oder unendlich, angenommen.

Ein Punkt liegt in einer geraden Linie heißt daher, der Punkt befindet sich in der unendlichen geraden Linie; ein Punkt oder eine gerade Linie liegt in einer Ebene heißt, der Punkt oder die gerade Linie befindet sich in der unendlich gedachten Ebene. Liegt ein Punkt in einer Linie, so sagt man, die Linie geht durch den Punkt; liegt ein Punkt oder eine gerade Linie in einer Ebene, so sagt man, die Ebene geht durch den Punkt oder durch die Linie, auch, die Linie geht durch die Ebene.

§. 3.

Durch einen Punkt können unendlich viele Ebenen gedacht werden, jede in einer anderen Lage. Durch eine gerade Linie gehend lassen sich unendlich viele Ebenen denken, von welchen jede eine andere Lage hat.

§. 4. Lehrsätze.

1) Durch eine gerade Linie und durch einen außerhalb derselben beliebig angenommenen Punkt läßt sich jedesmal eine Ebene legen.

Beweis. Denn eine Ebene, welche zuvörderst bloß durch die Linie gedacht wird, kann um die Linie gedreht werden, bis sie den Punkt in sich aufnimmt.

2) Durch drei Punkte, welche beliebig angenommen worden, läßt sich eine Ebene legen.

Beweis. Befinden sich die drei Punkte in einer geraden Linie, so fällt der Satz ohne Weiteres in die Augen. Befinden sich die drei Punkte nicht in einer geraden Linie, so denke man durch zwei von den Punkten eine gerade Linie, und der Satz ergiebt sich nach 1).

3) Durch zwei gerade Linien, welche sich schneiden, kann jedesmal eine Ebene gelegt werden.

Beweis. Folgt leicht aus 1).

Wegen des Satzes 2) pflegt man zu sagen, drei Punkte liegen immer in einer Ebene. Auf ihm beruht der bekannte Umstand des Feststehens dreibeiniger Ständer.

§. 5.

1) Alle Ebenen, welche durch eine gerade Linie und durch einen außerhalb derselben angenommenen Punkt gehen, fallen in einander.

2) Alle Ebenen, welche durch drei Punkte gehen, die nicht in einer geraden Linie liegen, fallen in einander.

3) Alle Ebenen, welche durch zwei sich schneidende gerade Linien gehen, fallen in einander.

§. 6.

Die Lage einer Ebene ist daher bestimmt durch eine gerade Linie und durch einen außerhalb derselben liegenden Punkt, durch welche beide die Ebene geht. Sie ist ferner bestimmt durch drei Punkte, welche nicht in einer geraden Linie liegen, oder durch zwei sich schneidende Linien.

Die Ebene, welche durch drei nicht in einer geraden Linie liegende Punkte A, B, C geht, soll die Ebene dieser drei Punkte, schlechthin die Ebene ABC genannt werden; und die Ebene, welche durch zwei sich schneidende gerade Linien geht, die Ebene dieser Linien.

§. 7.

Durch vier oder mehr beliebig angenommene Punkte läßt sich nicht jedesmal eine Ebene legen.

Denn wird durch drei von den angenommenen Punkten eine Ebene gedacht, so kann der vierte Punkt, oder jeder der übrigen Punkte, sowohl in der Ebene sich befinden, als außerhalb derselben.

Daß ein vierter Punkt mit drei anderen Punkten in derselben Ebene liege, wird daher in der Folge besonders vorausgesetzt oder bewiesen werden müssen.

§. 8.

Zwei gerade Linien im Raume schneiden sich entweder, oder nicht.

Schneiden sich zwei gerade Linien nicht, so läßt sich entweder durch beide eine Ebene legen, oder es kann nicht durch beide eine Ebene gelegt werden. Im ersteren Falle sind die Linien parallel, im anderen mögen die geraden Linien windschiefe Linien heißen.

§. 9. Lehrsatz.

Alle Ebenen, welche durch zwei parallele Linien gelegt werden, fallen in einander.

Beweis. Denn solche Ebenen haben drei Punkte gemeinschaftlich, welche nicht in einer geraden Linie liegen.

§. 10.

Die Lage einer Ebene bestimmt sich daher auch durch zwei parallele Linien.

§. 11.

Werden eine gerade Linie und eine Ebene angenommen, so liegt die Linie entweder mit allen ihren Punkten in der Ebene oder die Linie und die Ebene haben nur einen Punkt gemeinschaftlich, oder die Linie und die Ebene haben keinen Punkt gemeinschaftlich. — Haben eine Ebene und eine Linie nur einen Punkt gemeinschaftlich, so sagt man, sie schneiden sich, und nennt den Punkt, welchen sie gemeinschaftlich haben, ihren Durchschnittspunkt; haben eine gerade Linie und eine Ebene keinen Punkt gemeinschaftlich, so nennt man sie parallel.

§. 12.

Zwei Ebenen schneiden sich entweder oder sind parallel.

§. 13. Lehrsatz.

Die Durchschnittslinie zweier sich schneidenden Ebenen ist eine gerade Linie.

Beweis. Denn wäre die Durchschnittslinie krumm, so könnten in derselben drei Punkte angenommen werden, welche nicht in einer geraden Linie liegen und sich in jeder der beiden Ebenen befinden, und dann müßten die Ebenen in einander fallen.

§. 14.

Man bemerke für die Folge:

Die Durchschnittslinie zweier sich schneidenden Ebenen E und F liegt sowohl in der einen Ebene E, als in der anderen F.

Zwei sich schneidende Ebenen haben keine anderen Punkte gemeinschaftlich als die ihrer Durchschnittslinie. Ein Punkt, welchen zwei sich schneidende Ebenen gemeinschaftlich haben, ist daher jedesmal ein Punkt der Durchschnittslinie.

§. 15. Lehrsätze.

1) Eine gerade Linie liegt in einer Ebene, sobald zwei Punkte der Linie sich in der Ebene befinden.

Beweis. Die Linie kann nicht die Ebene schneiden, denn dann hätte sie nur einen Punkt mit ihr gemein, noch kann sie mit der Ebene parallel sein; sie muß also ganz in ihr liegen. (§. 11.).

2) Eine gerade Linie liegt in einer Ebene, wenn sie einen Punkt mit der Ebene gemeinschaftlich hat, und dabei parallel mit einer Linie ist, welche in der Ebene sich befindet.

Beweis. Man nehme eine Ebene E an, in ihr eine gerade Linie AB; man nehme ferner eine gerade Linie CD an, welche mit der Linie AB parallel ist, und mit der Ebene E einen Punkt C gemeinschaftlich hat: die Linie CD befindet sich, dem Satze gemäß, in der Ebene E. — Dies zu beweisen denke man durch die beiden parallelen Linien AB und CD eine Ebene F. Die Ebene F fällt mit der Ebene E zusammen, denn beide gehen durch die Linie AB und durch den Punkt C. Die Linie CD befindet sich in der Ebene F, deshalb auch in der Ebene E, welche mit F einerlei Lage hat.

§. 16. Lehrsatz.

Eine gerade Linie ist parallel mit einer Ebene, wenn ein Punkt der Linie außerhalb der Ebene liegt, und sie mit einer geraden Linie parallel ist, welche in der Ebene sich befindet.

Beweis. Man nehme eine Ebene E an, in ihr eine gerade Linie AB, ferner eine gerade Linie CD, von welcher ein Punkt außerhalb der Ebene E liegt, und welche mit AB parallel ist: Die Linie CD ist mit der Ebene E parallel. — Durch die parallelen Linien AB und CD lege man eine Ebene F. Die Ebenen E und F schneiden sich in der Linie AB. Wollte man annehmen, die Linie CD schnitte die Ebene E in einem Punkte N, so müßte der Punkt N, da er sowohl in der Ebene F als in der Ebene E sich befindet, ein Punkt der Durchschnittslinie AB beider Ebenen sein; und dann schnitten sich die Linien AB und CD, welches der Voraussetzung widerspricht. Deshalb sind die Linie CD und die Ebene E parallel.

§. 17. Lehrsatz.

Sind zwei Ebenen parallel, so ist jede Linie, welche in der einen Ebene liegt, parallel mit der anderen Ebene.

Beweis. Denn schnitte eine solche Linie die andere Ebene, so würden sich die Ebenen schneiden.

§. 18. Lehrsätze.

1) Ist eine gerade Linie parallel mit einer Ebene, und wird durch die Linie eine Ebene gelegt, welche die erste Ebene schneidet, so ist die Durchschnittslinie beider Ebenen parallel mit der zuerst gedachten Linie.

Beweis. Man denke eine Ebene E, und eine gerade Linie AB, parallel mit dieser Ebene. Durch die Linie AB werde eine Ebene F gelegt, welche die Ebene E schneidet. Die Durchschnittslinie der Ebenen E und F sei CD. Die Linien AB und CD sind, der Behauptung gemäß, parallel. — Die Linien AB und CD befinden sich zunächst in einer Ebene, nämlich in F; sie können daher nur sich schneiden, oder parallel sein. Wollte man annehmen, daß die Linien sich schnitten, so müßte die Linie AB auch die Ebene E schneiden, in welcher CD liegt. Und da dies der Voraussetzung widerspricht, so sind die Linien parallel.

2) Schneidet eine gerade Linie eine Ebene, und wird durch die Linie eine Ebene gelegt, so schneidet sie jene Ebene, und die Durchschnittslinie schneidet jene Linie in ihrem Durchschnittspunkte mit der ersteren Ebene.

Beweis. Man denke eine Ebene E, und eine gerade Linie AB, welche die Ebene E schneidet. Der Durchschnittspunkt sei B. Durch die Linie AB werde eine Ebene F gelegt. Es wird behauptet, die Ebene F schneide die Ebene E in einer Linie NQ, welche durch B geht. — Die Ebene E enthält den Punkt B, weil sie von der Linie AB in ihm geschnitten wird; die Ebene F enthält den Punkt B, weil sie durch AB geht. Beide Ebenen haben also den Punkt B gemein, folglich schneiden sie sich, nnd es ist B ein Punkt ihrer Durchschnittslinie NQ. AB und NQ haben nun den Punkt B gemein, und können nicht zusammenfallen, weil sonst, gegen die Annahme, AB in E sich befinden müßte, mithin schneiden sich diese Linien.

§. 19. Lehrsatz.

Sind zwei Linien parallel, und ist die eine parallel mit einer Ebene, so ist auch die andere mit der Ebene parallel, oder sie liegt in der Ebene.

Beweis. Man nehme zwei parallele Linien AB und CD an, und eine Ebene E. Die Linie AB sei mit der Ebene E parallel. Es wird behauptet, die andere Linie CD sei entweder parallel mit der Ebene E, oder liege in derselben. — Durch die beiden parallelen Linien werde eine Ebene F gelegt. Diese ist entweder parallel mit der Ebene E, oder sie schneidet dieselbe in einer Linie NQ, welche nach dem vorigen Paragraph parallel mit AB ist. Ist die Ebene F parallel mit der Ebene E, so ist auch die in der Ebene F befindliche Linie CD mit der Ebene E parallel nach §. 17. Schneiden sich die Ebenen F und E, so sind die Linien CD und NQ parallel mit AB, also entweder selbst parallel (Theil I. §. 16), und dann ist CD parallel mit E nach §. 16, oder es fällt CD mit NQ zusammen und befindet sich dann in der Ebene E. Darin liegt der Satz.

§. 20. Lehrsatz.

Sind zwei Linien parallel, und schneidet die eine von ihnen eine Ebene, so wird diese Ebene auch von der anderen Linie geschnitten.

Beweis. Wollte man annehmen, die andere Linie wäre mit der Ebene parallel, so müßte, nach dem vorigen Paragraph, die erste Linie mit der Ebene parallel sein, oder in derselben liegen; wollte man annehmen, die andere Linie läge in der Ebene, so müßte nach §. 15 2) auch die erste sich in der Ebene befinden. Beides widerspricht der Voraussetzung, deshalb tritt der Satz ein.

§. 21. Lehrsatz.

Ist jede von zwei sich schneidenden Linien parallel mit einer Ebene, so ist die Ebene der Linien parallel mit dieser Ebene.

Beweis. Man nehme eine Ebene E an, und zwei sich schneidende Linien AB und CD, von welchen jede mit der Ebene E parallel ist. Durch die sich schneidenden Linien AB und CD werde eine Ebene F gelegt. Diese ist parallel mit der Ebene E. — Denn wollte man annehmen, die beiden Ebenen E und F schnitten sich, so müßte nach §. 18 die Durchschnittslinie dieser Ebenen parallel sein mit jeder von den sich schneidenden Linien AB und CD. Da dies nicht möglich ist, erhellet der Satz.

§. 22. Lehrsatz.

Werden zwei parallele Ebenen von einer dritten Ebene geschnitten, so sind die Durchschnittslinien parallel.

Beweis. Die Durchschnittslinien befinden sich in einer Ebene, nämlich in der dritten. Sie können daher nur parallel sein, oder sich schneiden. Schnitten sie sich aber, so müßten die beiden ersten Ebenen den Durchschnittspunkt gemeinschaftlich haben, sich also schneiden, welches gegen die Voraussetzung ist. Deshalb sind die Durchschnittslinien parallel.

§. 23. Lehrsatz.

Schneiden sich drei Ebenen, so daß jede die beiden anderen schneidet, so ergeben sich drei Durchschnittslinien. Diese Durchschnittslinien fallen entweder alle drei in einander, oder sie schneiden sich alle drei in demselben Punkt, oder sie sind alle drei mit einander parallel, d. h. es ist jede parallel mit jeder von den beiden anderen.

Beweis. Die drei Ebenen seien A, B, C. Die Linie, in welcher sich die Ebenen A und B schneiden, sei AB, die Linie, in welcher sich die Ebenen B und C schneiden, sei BC, die Durchschnittslinie der Ebenen A und C sei AC. — Man betrachte zuvörderst zwei von den Durchschnittslinien, etwa AB und AC. Sie liegen in einer Ebene, nämlich in A, und können deshalb nur entweder in einander fallen, oder sich schneiden, oder parallel sein. Der Satz wird daher erwiesen, wenn man darthut, daß im ersten Fall alle drei Durchschnittslinien in einander fallen, im zweiten sich alle drei in demselben Punkte schneiden, im dritten alle drei parallel sind.

Es mögen erstens die beiden Durchschnittslinien AB und AC in einander liegen. Die Linie AB befindet sich in der Ebene B, die Linie AC in der Ebene C. Die Linie, in welcher die beiden Durchschnittslinien AB und AC zusammengefallen sind, befindet sich also gleichzeitig in der Ebene B und in der Ebene C. Sie ist daher die Durchschnittslinie der Ebenen B und C. Sonach liegen alle drei Durchschnittslinien in einander. (Man erinnere sich daran, daß eine gerade Linie, welche zwei sich schneidende Ebenen gemeinschaftlich haben, nothwendig deren Durchschnittslinie ist.)

Es mögen zweitens die beiden Durchschnittslinien AB und AC sich schneiden in dem Punkte N. Der Punkt N liegt sowohl in der Linie AB als in der Linie AC. Die Linie AB liegt in der Ebene B, die Linie AC in der Ebene C. Der Punkt N befindet sich demnach gleichzeitig in der Ebene B und in der Ebene C. Dann ist er aber ein Punkt der Durchschnittslinien der Ebenen B und C. Die Durchschnittslinie BC kann nicht mit einer der anderen Durchschnittslinien zusammenfallen, weil sonst alle drei zusammenfielen, also die beiden anderen sich nicht schneiden würden. Es schneiden sich daher alle drei Durchschnittslinien in demselben Punkte N.

Endlich mögen die beiden Durchschnittslinien AB und AC parallel sein. Wollte man annehmen, die dritte Durchschnittslinie BC fiele mit einer der beiden anderen Durchschnittslinien zusammen, so müßten, nach dem Bisherigen, alle drei Durchschnittslinien zusammenfallen; und wollte man annehmen, die dritte Durchschnittslinie schnitte eine der beiden anderen, so müßten alle drei sich in demselben Punkte schneiden. Beides wäre gegen die Voraussetzung, daher kann die dritte Durchschnittslinie (welche mit jeder von den beiden anderen in einer Ebene liegt) nur mit jeder von den beiden anderen Durchschnittslinien parallel sein.

Damit ist der Satz bewiesen.

§. 24. Lehrsatz.

Sind zwei gerade Linien parallel mit einer dritten geraden Linie, so sind jene Linien parallel.

Beweis. Eine gerade Linie AB sei parallel mit einer geraden Linie PQ, eine gerade Linie CD sei ebenfalls parallel mit der geraden Linie PQ. Es wird behauptet, die geraden Linien AB und CD seien parallel. — Durch AB und PQ denke man eine Ebene E, durch CD und PQ eine Ebene F, durch AB und einen Punkt N der Linie CD eine Ebene G. Die Durchschnittslinie der Ebenen F und G sei NV. Die Ebenen E, F, G schneiden sich in den Linien AB, PQ und NV. Die Linien AB und PQ sind parallel, folglich ist nach dem vorigen Paragraphen NV parallel mit PQ und parallel mit AB. Nun fällt aber CD mit NV zusammen, denn beide Linien sind parallel mit PQ und haben den Punkt N gemein, und da NV mit AB parallel ist, so ist auch CD parallel mit AB.

§. 25. Lehrsatz.

Sind zwei sich schneidende Linien einzeln parallel mit zwei anderen sich schneidenden Linien, so sind die Winkel, welche die ersteren bilden, gleich den Winkeln, welche die anderen bilden; und die Ebenen der sich schneidenden Linien sind parallel.

Beweis. Man denke zwei sich schneidende Linien AB und AC, und zwei andere sich schneidende Linien A′B′ und A′C′; und es sei AB parallel mit A′B′, AC parallel mit A′C′. Es wird behauptet, die Winkel, welche die unendlichen geraden Linien AB und AC bilden, seien gleich den Winkeln, welche von den unendlichen geraden Linien A′B′ und A′C′ gebildet werden. — Die Schenkel AB und A′B′ denke man gleich gerichtet, eben so die Schenkel AC und A′C′, und es ist nur zu zeigen, daß die Winkel BAC und B′A′C′ einander gleich sind. Man nehme A′B′ gleich AB, A′C′ gleich AC und denke die Linien AA′, BB′ CC′. Das Viereck ABB′A′ ist ein Parallelogramm, denn die gegenüberstehenden Seiten AB und A′B′ sind parallel und gleich. Das Viereck ACC′A′ ist ebenfalls ein Parallelogramm, weil die Seiten AC und A′C′ parallel und gleich sind. Deshalb ist BB′ gleich AA′, und CC′ gleich AA′, also BB′ gleich CC′; ferner ist BB′ sowohl als CC′ parallel mit AA′, folglich BB′ parallel CC′. Man denke noch die Linien BC und B′C′. Dadurch entsteht das Viereck BCC′B′, und dies ist ein Parallelogramm, weil die gegenüberstehenden Seiten BB′ und CC′ parallel und gleich sind. Die Linien BC und B′C′ sind gleich als gegenüberstehende Seiten des letzten Parallelogramms. Die Dreiecke ABC und A′B′C′ haben nun die drei Seiten beziehlich gleich, sind also congruent und deshalb endlich ist der Winkel BAC gleich dem Winkel B′A′C′. Daß die Ebenen der sich schneidenden

Linien parallel sind, erhellet aus §. 21, wenn man zunächst durch die eine der sich schneidenden Linien eine Ebene denkt.

§. 26.

Sind daher die Schenkel zweier Winkel beziehlich parallel, so sind entweder die Winkel gleich, oder ihre Summe macht einen gestreckten Winkel aus.

§. 27.

1) Man denke zwei windschiefe Linien AB und CD. In der einen AB nehme man zwei Punkte N und N' beliebig an, und denke durch sie zwei Linien NQ und N'Q' parallel mit der anderen CD. Die Linien NQ und N'Q' bilden gleiche Winkel mit AB.

Denn NQ und N'Q' sind parallel nach §. 24.

2) Man denke zwei windschiefe Linie AB und CD. In der einen AB nehme man einen Punkt N beliebig, und denke durch ihn eine Linie NQ parallel mit CD; in der anderen CD nehme man einen Punkt S beliebig, und denke durch ihn eine Linie SV parallel mit AB. Der Winkel, welchen NQ mit AB bildet, ist gleich dem Winkel, welchen SV bildet mit CD.

Denn die Schenkel der Winkel sind parallel.

3) Man denke zwei windschiefe Linien AB und CD. Durch einen beliebigen Punkt A' der Linie CD denke man eine Linie A'B' parallel zu AB. Von dem Winkel, welchen A'B' und CD bilden, sagt man, er werde von den windschiefen Linien gebildet.

Zwei windschiefe Linien stehen normal auf einander, wenn sie einen rechten Winkel bilden, u. dgl. m.

Wegen 1) und 2) geht für zwei windschiefe Linien stets derselbe Winkel hervor, gleichviel in welcher der beiden Linien, und wo in ihr, man den Punkt annimmt, durch welchen man die Parallele zur anderen denkt.

4) Sind zwei Linien AB und A'B' parallel und dabei windschief zu einer Linie PQ, so bilden sie gleiche Winkel mit derselben. (Nicht umgekehrt).

Denn eine Linie A''B'', welche PQ schneidet und parallel ist mit AB, ist auch parallel mit A'B', und liefert den Winkel, welchen AB mit PQ bildet, und zugleich den zwischen A'B' und PQ.

5) Steht daher eine gerade Linie normal auf der einen von zwei parallelen Linien, so steht sie auch auf der anderen normal.

§. 28. Lehrsatz.

Schneidet eine gerade Linie eine Ebene, und steht sie normal auf zwei geraden Linien, welche in der Ebene liegen und sich schneiden, so steht sie normal auf jeder geraden Linie in der Ebene.

Beweis. Man denke eine Ebene E und eine gerade Linie AB, welche die Ebene schneidet. Der Durchschnittspunkt sei B. Man denke ferner irgend wo in der Ebene zwei gerade Linien C′D′ und G′H′, welche sich schneiden, und nehme an, die Linie AB stehe normal auf jeder von diesen Linien. Dann soll AB normal stehen auf jeder beliebigen geraden Linie N′Q′, welche sich in der Ebene befindet. — Ist N′Q′ parallel mit der einen von den Linien C′D′ und G′H′, so erhellet ohne Weiteres aus dem vorigen Paragraphen, daß AB normal steht auf N′Q′. Der Satz ist daher nur für den Fall zu erweisen, daß die Linie N′Q′ jede der Linien C′D′ und G′H′ schneidet.

Durch den Punkt B Fig. 1., in welchem die Linie AB und die Ebene E sich schneiden, denke man eine Linie CD parallel mit C′D′, eine Linie GH parallel mit G′H′, und eine Linie NQ parallel mit N′Q′. Nach dem vorigen Paragraphen steht AB normal auf CD und normal auf GH.

Man nehme BC gleich BD, BG gleich BH, und ziehe CG und DH bis zu den Durchschnittspunkten N und Q mit der Linie NQ. Die Linien CG und DH sind parallel, schneidet also die eine von ihnen die Linie NQ, so thut es auch die andere. Fielen sie parallel aus mit NQ, so würde man statt ihrer die Linien CH und DG denken. Aus der Proportionalität erhellet nun sogleich, daß

$$BN = BQ$$

ist, CG gleich DH, und CN gleich DQ.

Aus dem beliebigen Punkte A der Linie AB ziehe man die Linien AC, AG, AN, AQ, AH, AD. Da AB normal auf CD, und BC gleich BD ist, so ist AC gleich AD, eben so AG gleich AH. Da ferner CG gleich ist DH, so sind die Dreiecke ACG und ADH congruent, und deshalb die Winkel ACN und ADQ einander gleich. Wegen der Gleichheit dieser Winkel und der Gleichheit der Seiten AC und AD, und CN und DQ, sind weiter die Dreiecke ACN und ADQ congruent, und daraus folgt

$$AN = AQ.$$

Die Dreiecke ABN und ABQ haben demnach die drei Seiten beziehlich gleich. Mithin steht AB normal auf NQ, also auch normal auf der damit parallelen Linie N′Q′.

§. 29.

Schneidet eine gerade Linie eine Ebene, und steht sie dabei normal auf einer jeden geraden Linie, welche in der Ebene liegt, so sagt man, die Linie stehe normal auf der Ebene, auch die Ebene stehe normal auf der Linie.

Wird durch einen Punkt, welcher in einer Ebene sich befindet, eine gerade Linie gedacht, welche auf der Ebene normal steht, so sagt man, es werde auf der Ebene in jenem Punkt eine Normale errichtet. Wird durch einen Punkt, welcher außerhalb einer Ebene liegt, eine gerade Linie gedacht, welche auf der Ebene normal steht, so sagt man, es werde von dem Punkte aus eine Normale auf die Ebene gefällt.

Schneidet eine gerade Linie eine Ebene, ohne auf derselben normal zu stehen, so sagt man, die gerade Linie und die Ebene stehen schief auf einander.

§. 30. Lehrsatz.

Alle Normalen, welche in demselben Punkt einer Ebene errichtet werden, fallen in einander.

Beweis. Man stelle sich eine Ebene E vor, in derselben einen Punkt A, durch den Punkt A eine gerade Linie AB, welche normal steht auf der Ebene E, und eine gerade Linie AC, welche ebenfalls normal steht auf der Ebene E. Es wird behauptet, die beiden Linien AB und AC fallen in einander. — Man lege eine Ebene F durch die beiden geraden Linien AB und AC. Die Linie, in welcher die Ebene F die Ebene E schneidet, sei AD. In der Ebene F befinden sich jetzt die Linien AD, AC, AB, und die beiden letzteren stehen in dem Punkt A normal auf der ersteren Linie AD, deshalb fallen die Linien AB und AC in einander.

§. 31. Lehrsatz.

Alle Normalen, welche von demselben Punkte auf eine Ebene gefällt werden, fallen in einander.

Beweis. Man stelle sich eine Ebene E vor, außerhalb derselben einen Punkt A, von dem Punkte A aus eine gerade Linie AB, welche normal steht auf der Ebene E, und eine gerade Linie AC, welche ebenfalls normal steht auf der Ebene E. Der Behauptung gemäß fallen die Linien AB und AC in einander. — Wollte man annehmen, die beiden Normalen AB und AC fielen nicht in einander, so würde in der Ebene E die Linie BC gezogen werden können, und dadurch ein Dreieck ABC entstehen, welches sowohl bei B als bei C einen rechten Winkel hätte. Da dies unmöglich ist, fallen die Normalen AB und AC zusammen.

§. 32. Lehrsatz.

Unter allen geraden Linien, welche von einem Punkte außerhalb einer Ebene nach dieser Ebene hin gezogen werden können, ist die Normale die kürzeste.

Beweis. Man nehme eine Ebene E an, außerhalb derselben einen Punkt A, fälle von dem Punkt A eine Normale AB auf die Ebene, und ziehe von A aus eine zweite gerade Linie AC nach der Ebene hin, welche nicht auf der Ebene E normal steht. Es wird behauptet, die Normale AB sei kürzer als die andere Linie AC. — Denn zieht man in der Ebene E die gerade Linie BC, so entsteht ein rechtwinkliges Dreieck ABC, in welchem die Hypotenuse AC größer ist als die Kathete AB.

§. 33.

Die Entfernung eines Punktes von einer Ebene ist die Normale von dem Punkte auf die Ebene gefällt, so weit sie zwischen diesem Punkte und der Ebene sich befindet.

§. 34.

1) Alle Normalen, welche man von einem Punkte außerhalb einer geraden Linie auf dieselbe fällt, fallen in einander.

2) In demselben Punkt einer geraden Linie können unendlich viele Normalen auf der geraden Linie errichtet werden, von welchen jede eine andere Lage hat.

Denn man kann durch die Linie unendlich viele Ebenen legen, von welchen jede eine andere Lage hat, und in jeder von diesen Ebenen kann in jedem Punkt eine Normale auf der Linie errichtet werden.

§. 35. Lehrsatz.

Alle geraden Linien, welche in demselben Punkt auf einer geraden Linie normal stehend gedacht werden können, liegen in einer Ebene, und diese steht normal auf der geraden Linie.

Beweis. Man stelle sich eine gerade Linie AB vor, und errichte in dem beliebigen Punkte B derselben in verschiedenen Richtungen die Normalen BN, BQ, BV, u. s. w. Es wird behauptet, alle diese Normalen befinden sich in einer Ebene, welche auf der Linie AB normal steht. — Den Satz zu erweisen denke man zuvörderst durch zwei von den Normalen, etwa BN und BQ, eine Ebene E, und thue dar, daß alle übrigen Normalen von dieser Ebene aufgenommen werden. — Die Ebene E steht normal auf der Linie AB, weil die Linie AB normal steht auf den beiden in E liegenden geraden Linien BN und BQ. Daß die Normale BV sich in der Ebene E befindet, erhellet folgendermaßen: Man stelle sich eine Ebene F vor, welche durch die Linie AB und durch die Normale BV geht. Die Ebene F schneidet die Ebene E. Die Durchnittslinie sei BX. Die Linie BX liegt in der Ebene E; und da AB auf E normal steht, bildet BX mit AB einen rechten Winkel. In der Ebene F hat man die Linien AB, BV, BX. Die Linien BV und BX stehen in demselben Punkte normal auf der Linie AB, daher liegen die Linien BV und BX in einander. Und weil sich BX in der Ebene E befindet, liegt auch BV in der Ebene E. In derselben Weise läßt sich zeigen, daß jede der übrigen Normalen in der Ebene E liegt, welche, wie schon oben bemerkt worden, normal steht auf der Linie AB.

§. 36. Lehrsatz.

Alle Ebenen, welche in demselben Punkte auf einer geraden Linie normal stehen, fallen in einander.

Beweis. Man stelle sich eine gerade Linie AB vor, durch den beliebigen Punkt B derselben eine Ebene E, welche auf der Linie AB normal steht, und durch denselben Punkt B eine zweite Ebene F, welche ebenfalls auf der Linie AB normal ist. Der Behauptung gemäß fallen die Ebenen E und F in einander. — Von dem Punkte B aus ziehe man in der Ebene E zwei gerade Linien, BN und BQ, und in der Ebene F ebenfalls zwei gerade Linien BV und BS. Die gerade Linie AB steht auf jeder von den vier Linien BN, BQ, BV und BS normal. Daher befinden sich diese Linien in einer Ebene. Mit dieser Ebene hat die Ebene E die Linien BN und BQ gemeinschaftlich, die Ebene F die Linien BV und BS. Die Ebenen E und F fallen also mit jener Ebene zusammen. Und daraus erhellet der Satz.

§. 37. Lehrsatz.

Stehen zwei Ebenen in verschiedenen Punkten normal auf einer geraden Linie, so sind die Ebenen parallel.

Beweis. Man denke eine gerade Linie AB, durch einen Punkt A derselben eine Ebene E, welche normal steht auf der Linie, und durch einen anderen Punkt B der Linie AB eine zweite Ebene F, welche ebenfalls auf AB normal steht. Die Ebenen E und F sind der Behauptung gemäß parallel. — Denn wollte man annehmen, die Ebenen schnitten sich, so könnte man in ihrer Durchschnittslinie einen Punkt X annehmen, und wenn man die Linien AX und BX zöge, würde ein Dreieck ABX entstehen, welches sowohl bei A als bei B einen rechten Winkel hätte. Da dies nicht möglich ist, können die Ebenen sich nicht schneiden, sondern sind parallel.

§. 38. Lehrsatz.

Schneidet eine gerade Linie zwei parallele Ebenen und steht sie normal auf der einen dieser Ebenen, so steht sie auch normal auf der anderen.

Beweis. Man stelle sich zwei parallele Ebenen E und F vor, und eine gerade Linie AB, welche die Ebenen schneidet. Die Linie AB stehe normal auf der Ebene E, es wird behauptet, sie stehe auch normal auf der Ebene F. — Man denke irgend eine Ebene, welche die parallelen Ebenen schneidet. Es entstehen parallele Durchschnittslinien. Die Linie AB steht normal auf der Durchschnittslinie in E, mithin auch normal auf der in F. Durch eine zweite Ebene kann man eine zweite Durchschnittslinie in F erhalten, welche die erstere schneidet und auf der AB normal steht. Dann ist aber AB normal auf F.

§. 39. Lehrsatz.

Sind zwei Linien parallel und steht die eine von ihnen auf einer Ebene normal, so ist auch die andere normal auf dieser Ebene.

Beweis. Denn da die eine auf allen Linien in der Ebene normal steht, so steht auch die andere auf allen Linien in der Ebene normal nach §. 27.

§. 40. Lehrsatz.

Stehen zwei Linien normal auf einer Ebene, so sind sie parallel.

Beweis. Man denke eine Ebene E und zwei Linien AB und CD, welche auf der Ebene E normal stehen. Der Behauptung gemäß sind die Linien AB und CD parallel. — Durch irgend einen Punkt A der einen Linie AB denke man eine Linie AB′ parallel mit CD. Nach dem vorigen Paragraphen steht AB′ normal auf der Ebene. Es fällt also AB mit AB′ zusammen, und da AB′ parallel mit CD ist, so ist auch AB mit CD parallel.

§. 41. Lehrsätze.

1) Ist eine gerade Linie parallel mit einer Ebene, so ist die Linie überall gleich weit von der Ebene entfernt.

Beweis. Man nehme eine Ebene E an und eine gerade Linie AB, welche mit der Ebene parallel ist. Der Behauptung gemäß sind alle Punkte der Linie AB gleich weit von der Ebene E entfernt. — Aus zwei beliebigen Punkten A und B der Linie fälle man Normalen AC und BD auf die Ebene E, und ziehe in der Ebene E die Linie CD. Die Normalen AC und BD sind parallel; die Linien CD und AB gleichfalls, nach §. 18. Das Viereck ABDC ist sonach ein Parallelogramm, und deshalb sind die Linien AC und BD einander gleich. Der Punkt B der Linie AB steht also von der Ebene E so weit entfernt, als der Punkt A. Eben so kann gezeigt werden, daß jeder andere Punkt der Linie AB eben so weit von der Ebene E entfernt ist, als der Punkt A. Es befinden sich deshalb alle Punkte der Linie AB in gleichen Entfernungen von der Ebene E.

2) Sind zwei Punkte einer geraden Linie gleich weit von einer Ebene entfernt, so ist die Linie mit der Ebene parallel.

Beweis. Die Ebene sei E, die gerade Linie AB, und die beiden Punkte A und B der Linie mögen gleich weit von der Ebene E entfernt sein. — Man fälle aus den Punkten A und B die Normalen AC und BD auf die Ebene E, und ziehe CD. Die Normalen sind der Voraussetzung gemäß einander gleich und nach §. 40 parallel. Das Viereck ABDC ist daher ein Parallelogramm, also die Linie AB parallel mit der Linie CD in der Ebene E, und dann auch parallel mit der Ebene selbst.

3) Sind zwei Ebenen parallel, so sind sie überall gleich weit von einander entfernt.

Beweis. Die parallelen Ebenen seien E und F. In der einen, etwa E, nehme man zwei Punkte A und B an, und ziehe durch sie eine gerade Linie. Diese Linie ist parallel mit der anderen Ebene F, daher, nach 1), der Punkt B der Ebene E ebenso weit von der Ebene F entfernt als der Punkt A. Eben so folgt, daß jeder andere Punkt der Ebene E mit dem Punkte A in gleicher Entfernung von F steht, und dann sind alle Punkte der Ebene E gleich weit von F entfernt.

4) Sind drei Punkte einer Ebene, welche nicht in einer geraden Linie liegen, von einer anderen Ebene gleich weit entfernt, so sind die Ebenen parallel.

Beweis. Denn sind A, B, C die drei Punkte in der einen Ebene, so sind die Linien AB und AC mit der anderen Ebene parallel, nach 2), und dann ist die Ebene ABC parallel mit der anderen Ebene, nach §. 21.

§. 42. Lehrsätze.

1) Ist eine gerade Linie parallel mit der einen von zwei parallelen Ebenen, so ist sie es auch mit der anderen (wenn sie nicht in dieser liegt).

Beweis. Denn die Linie ist von der ersten Ebene überall gleich weit entfernt, und da die Ebenen selbst überall gleich weit abstehen, so ist die Linie auch von der anderen Ebene gleich weit entfernt, und deshalb mit ihr parallel.

2) Schneidet eine gerade Linie die eine von zwei parallelen Ebenen, so schneidet sie auch die andere.

Beweis. Denn wäre die Linie mit der anderen parallel, so müßte sie es auch mit der ersten sein, nach 1), und wollte man annehmen, die Linie läge in der anderen Ebene, so wäre sie ebenfalls parallel mit der ersten, welches der Voraussetzung widerspricht.

3) Ist eine Ebene parallel mit der einen von zwei parallelen Ebenen so ist sie es auch mit der anderen.

Beweis. Die Ebene ist von der ersteren der parallelen Ebenen überall gleich weit entfernt, die parallelen Ebenen sind selbst überall gleich weit entfernt, daher ist die Ebene auch von der anderen der parallelen Ebenen überall gleich weit entfernt, deshalb mit ihr parallel.

4) Schneidet eine Ebene die eine von zwei parallelen Ebenen, so schneidet sie auch die andere.

Beweis. Denn wäre sie mit der anderen parallel, oder fiele sie mit der anderen zusammen, so müßte sie mit der ersten parallel sein, welches der Voraussetzung widerspricht.

5) Sind zwei Ebenen parallel mit einer dritten Ebene, so sind sie selbst parallel.

Beweis. Folgt leicht aus 3).

§. 43.

Eine gerade Linie AB schneide eine Ebene E in dem Punkte B und stehe schief auf derselben. Von dem beliebigen Punkte A der Linie werde eine Normale auf die Ebene E gefällt; der Durchschnittspunkt der Normale und der Ebene sei C. Man denke die gerade Linie BC; diese soll die Projection der geraden Linie AB auf der Ebene E genannt werden.

§. 44.

Der Winkel, welchen eine gerade Linie mit ihrer Projection auf einer Ebene bildet, heißt der Neigungswinkel der geraden Linie gegen die Ebene, schlechthin der Winkel, welchen die gerade Linie und die Ebene mit einander bilden.

§. 45. Lehrsatz.

Schneidet eine gerade Linie eine Ebene, und steht sie schief auf derselben, so ist der Winkel, welchen sie mit ihrer Projection auf der Ebene bildet, kleiner als der Winkel, welchen sie mit irgend einer anderen Linie bildet, die in der Ebene liegt und durch den Durchschnittspunkt der Linie und der Ebene geht.

Beweis. Auf einer Ebene E stehe eine gerade Linie AB schief in dem Punkte B. AC sei normal auf E und treffe die Ebene in C. Dann ist BC die Projection von AB auf der Ebene. Durch den Punkt B denke man in der Ebene irgend eine zweite Linie BD. Es wird behauptet, der Winkel ABC, welchen die Linie AB mit ihrer Projection BC bildet, sei kleiner als der Winkel ABD, welchen die Linie AB mit der Linie BD macht. Man nehme BD gleich BC, und ziehe CD. Das Dreieck ACD ist bei C rechtwinklig, daher ist AD, als Hypotenuse, größer, als die Kathete AC. Die Dreiecke ABC und ABD haben die Seite AB gemeinschaftlich, die

Seiten BC und BD gleich, aber die dritten Seiten AC und AD ungleich, und zwar ist AD größer als AC. Daher sind die Winkel in diesen Dreiecken, welche den ungleichen Seiten gegenüber liegen, ungleich, und zwar ist der Winkel ABD größer als der Winkel ABC. Darin liegt der Satz.

§. 46. Lehrsatz.

Auf einer Ebene E stehe eine Linie AB schief in dem Punkte B. AC sei normal auf E und treffe die Ebene in C. Dann ist BC die Projection von AB auf AC. Durch den Punkt B denke man in der Ebene noch zwei Linien BD und BF. Ist nun der Winkel CBF größer als der Winkel CBD, so ist der Winkel ABF größer als der Winkel ABD.

Beweis. Man nehme BD sowohl als BF gleich BC, und ziehe CD, CF, AD und AF. Die Dreiecke CBF und CBD haben die Seite BC gemeinschaftlich, die Seiten BF und BD gleich, und der Winkel CBF ist größer als der Winkel CBD; daher ist die Seite CF größer als die Seite CD. Die Dreiecke ABF und ABD haben die Seite AB gemeinschaftlich, die Seiten BF und BD gleich, die Seite AF ist aber, wie leicht erhellet, größer als die Seite AD; und deshalb ist der Winkel ABF größer als der Winkel ABD, welches zu erweisen war.

§. 47.

Läßt man daher den Winkel CBF wachsen, so wird der Winkel ABF zunehmen, bis BF in die Verlängerung von CB fällt, wo der Winkel ABF sein Maximum erreicht. Geht man mit BF über die Verlängerung von CB hinaus, so nehmen die Winkel wiederum ab. Durch den Punkt B lassen sich demnach in der Ebene unendlich oft zwei Linien ziehen, welche mit der Linie AB gleiche Winkel bilden. Es giebt aber nicht drei Linien in der Ebene E, welche durch B gehen und mit der auf E schief stehenden Linie AB gleiche Winkel machen.

Und bildet eine gerade Linie AB, welche eine Ebene E schneidet, mit dreien geraden Linien in dieser Ebene gleiche Winkel, so muß sie auf der Ebene E normal stehen.

§. 48. Lehrsatz.

Zwei parallele Linien, welche eine Ebene schneiden, bilden gleiche Winkel mit dieser Ebene.

Beweis. Man nehme eine Ebene an, eine gerade Linie AB, welche die Ebene in dem Punkte B schneidet, und eine gerade Linie CD, welche mit der Linie AB parallel ist und die Ebene in D schneiden mag. Der Behauptung gemäß sind die Neigungswinkel der Linien AB und CD gegen die Ebene einander gleich. — Man nehme in der Linie AB den

Punkt A beliebig an, fälle von ihm aus eine Normale AN auf die Ebene, und ziehe BN. In CD nehme man den Punkt C beliebig an, fälle eine Normale CQ auf die Ebene und ziehe DQ. Die Winkel ABN und CDQ sind die Neigungswinkel der Linien AB und CD gegen die Ebene. Zuvörderst erhellet die Gleichheit der Winkel BAN und DCQ. Die Schenkel der Winkel sind nämlich parallel, AB und CD wegen der Voraussetzung, AN und CQ, weil sie normal auf der Ebene stehen. Die Winkel BAN und DCQ sind aber die Complementswinkel zu den Winkeln ABN und CDQ, daher sind auch diese Winkel gleich.

§. 49. Lehrsatz.

Eine gerade Linie, welche zwei parallele Ebenen schneidet, bildet gleiche Neigungswinkel mit diesen Ebenen.

Beweis. Man denke zwei parallele Ebenen E und F. Eine gerade Linie schneide beide Ebenen, die Ebene E in dem Punkte C, die Ebene F in dem Punkte D. Es wird behauptet, die gerade Linie bilde gleiche Winkel mit den Ebenen. — In der geraden Linie nehme man beliebig einen Punkt A, fälle von ihm aus auf die Ebene E eine Normale, und verlängere dieselbe bis zum Durchschnitt mit der Ebene F, auf welcher sie ebenfalls normal steht. Der Durchschnittspunkt der Normale mit der Ebene E sei N, der Durchschnittspunkt mit der Ebene F sei Q. Man ziehe noch die Linien CN und DQ. Die Winkel ACN und ADQ sind die Neigungswinkel der Linie gegen die parallelen Ebenen. Die Linien CN und DQ sind parallel, denn wird durch die Linien AD und AQ eine Ebene gedacht, so schneidet diese die parallelen Ebenen in den Linien CN und DQ. Deshalb sind die Winkel ACN und ADQ einander gleich.

§. 50.

Man stelle sich zwei Ebenen E und F vor, welche sich schneiden. In der Durchschnittslinie werde beliebig ein Punkt A angenommen, und von ihm aus in der einen Ebene E eine Linie AB gezogen, welche auf der Durchnittslinie normal steht, in der anderen Ebene F werde, ebenfalls von dem Punkte A aus, eine gerade Linie AC gezogen, welche normal steht auf der Durchschnittslinie. Der Winkel BAC, welchen die beiden Normalen bilden, wird der Neigungswinkel der beiden Ebenen E und F genannt, schlechthin der Winkel, welchen die Ebenen E und F mit einander bilden.

Aus §. 25 erhellet, daß sich jedesmal derselbe Neigungswinkel ergiebt, gleichviel wo der Punkt A in der Durchschnittslinie der beiden sich schneidenden Ebenen angenommen wird.

Je nachdem der Neigungswinkel zweier Ebenen ein rechter ist, oder ein spitzer, ein stumpfer u. s. w., sagt man, die Ebenen stehen rechtwinklig auf einander, oder spitzwinklig, oder stumpfwinklig u. s. w.

Zwei sich schneidende Ebenen nennt man auch einen körperlichen Winkel.

§. 51. Lehrsätze.

1) Die Ebene, welche durch die Schenkel des Neigungswinkels zweier sich schneidenden Ebenen geht, steht normal auf deren Durchschnittslinie.

Beweis. Die Durchschnittslinie steht normal auf jener Ebene, weil sie normal steht auf zweien Linien in derselben, nämlich auf den Schenkeln des Neigungswinkels.

2) Schneiden sich zwei Ebenen, und wird eine dritte Ebene gedacht, welche normal steht auf deren Durchschnittslinie, so bilden die Durchschnittslinien der dritten Ebene mit den beiden ersten Ebenen den Neigungswinkel der ersten Ebenen.

Beweis. Denn die Durchschnittslinie der beiden ersten Ebenen steht normal auf der dritten Ebene, also auf den Durchschnittslinien in ihr.

§. 52. Lehrsatz.

Schneiden sich zwei Ebenen und denkt man eine Linie, welche normal steht auf der einen Ebene, und eine zweite Linie, normal stehend auf der anderen Ebene, so ist der Winkel, welchen diese Linien bilden, gleich dem Neigungswinkel der Ebenen.

Beweis. Denn die Linien stehen normal auf den Schenkeln des Neigungswinkels. (Vergl. §. 45 des ersten Theils.)

Man bemerke für die Folge, daß die Normalen zwei Winkel bilden, von welchen der eine der Neigungswinkel der Ebenen, der andere sein Supplementswinkel ist.

§. 53. Lehrsatz.

Steht eine gerade Linie normal auf einer Ebene, so ist jede Ebene, welche durch die Linie gelegt wird, normal auf jener Ebene.

Beweis. Auf einer Ebene E stehe in dem Punkte B eine gerade Linie AB normal. Durch die Linie AB werde eine Ebene F gelegt. Der Behauptung gemäß ist die Ebene F normal auf der Ebene E. — In der Ebene E ziehe man von dem Punkt B aus eine Linie BC, welche normal steht auf der Durchschnittslinie der beiden Ebenen F und E. Der Winkel ABC ist der Neigungswinkel der Ebenen F und E, und er ist, wie aus der Voraussetzung erhellet, ein rechter Winkel.

§. 54. Lehrsatz.

Stehen zwei Ebenen normal auf einander, und befindet sich in der einen Ebene eine gerade Linie, welche normal steht auf der Durchschnittslinie beider Ebenen, so steht diese Linie normal auf der anderen Ebene.

Beweis. Man stelle sich zwei Ebenen E und F vor, welche auf einander normal stehen, und in der einen Ebene E nehme man eine gerade Linie AB an, welche in dem Punkte B normal steht auf der Durchschnittslinie beider Ebenen. Es wird behauptet, die Linie AB stehe normal auf der anderen Ebene F. — In der Ebene F werde in dem Punkte B eine Normale BC auf der Durchschnittslinie errichtet. Der Winkel ABC ist der Neigungswinkel der beiden Ebenen, also, der Voraussetzung gemäß, ein rechter Winkel. Die Linie AB steht normal auf der Linie BC, auch auf der Durchschnittslinie der beiden Ebenen, daher auf zweien Linien in der Ebene F, somit auf der Ebene F selbst.

§. 55. Lehrsatz.

Stehen zwei Ebenen normal auf einander, und fällt man aus einem Punkte in der einen Ebene eine Normale auf die andere Ebene, so geht die Normale durch die erste Ebene.

Beweis. Man stelle sich zwei Ebenen E und F vor, welche auf einander normal stehen. In der Ebene E werde ein Punkt A angenommen und von ihm aus eine Normale AB auf die Ebene F gefällt. Der Behauptung gemäß liegt diese Normale in der Ebene E. — Man ziehe von dem Punkte A aus in der Ebene E eine gerade Linie AC, welche normal steht auf der Durchschnittslinie beider Ebenen. Nach dem vorigen Paragraph steht die Linie AC normal auf der Ebene F. Alle Linien aber, welche durch den Punkt A gehen und auf der Ebene E normal stehen, fallen in einander; daher fällt die Linie AB mit der Linie AC zusammen, und liegt mit ihr in der Ebene E.

§. 56. Lehrsatz.

Stehen zwei Ebenen normal auf einander, und wird auf der einen Ebene in einem Punkte der Durchschnittslinie eine Normale errichtet, so fällt die Normale in die andere Ebene.

Beweis. Man denke zwei auf einander normal stehende Ebenen E und F. Auf der Ebene E werde in einem Punkte A der Durchschnittslinie beider Ebenen eine Normale AB errichtet. Der Behauptung nach fällt die Normale AB in die Ebene F. — Man ziehe von dem Punkte A aus in der Ebene F eine gerade Linie AC, welche normal steht auf der Durchschnittslinie. Die Linie AC ist nach §. 54 auf der Ebene E normal. Alle geraden Linien, welche auf der Ebene E in demselben Punkt A normal stehen, fallen in einander; daher fällt die Linie AB mit der Linie AC zusammen, und befindet sich mit der letzteren in der Ebene F.

§. 57. Lehrsätze.

1) Man denke zwei sich schneidende Ebenen E und F. Ihre Durchschnittslinie sei PQ. In der einen Ebene E werde ein Punkt A genommen, und von ihm aus eine Normale AB auf die andere Ebene F gefällt. Der Durchschnittspunkt sei B. Aus dem Punkte B in F fälle man eine Normale BC auf die Durchschnittslinie PQ, und diese werde in C getroffen. Man ziehe endlich die Linie AC: diese steht normal auf der Durchschnittslinie PQ.

Beweis. AB steht normal auf der Ebene F, also auch normal auf der Linie PQ in ihr, und nach der Annahme stehen BC und PQ normal auf einander. Denkt man daher die Ebene ABC, so steht PQ normal auf den beiden sich schneidenden Linien AB und BC in derselben, folglich auch auf der Linie AC.

2) Fällt man aus dem Punkt A der Ebene E eine Normale AB auf die Ebene F, ferner aus dem Punkt A eine Normale AC auf die Durchschnittslinie PQ der beiden Ebenen E und F, welche dieselbe in C treffen mag, und zieht endlich in F die Linie BC, so steht BC normal auf der Durchschnittslinie PQ.

Beweis. Man denke aus dem Punkte B eine Normale BX auf die Durchschnittslinie PQ gefällt, welche PQ in X treffen mag, und AX gezogen. Nach der vorigen Nummer wird AX normal auf PQ. Es fallen also AC und AX zusammen, dann aber auch BC und BX, und da BX normal steht auf PQ, so ist auch BC auf PQ normal.

3) Fällt man aus dem Punkt A der Ebene E eine Normale AB auf die Ebene F, in der Ebene F von B aus eine Normale auf die Durchschnittslinie PQ, und in der Ebene E von A aus ebenfalls eine Normale auf die Durchschnittslinie PQ, so treffen die beiden letzteren Normalen denselben Punkt der Durchschnittslinie.

Beweis. Man denke zuvörderst in der einen Ebene, etwa F, die Normale BC auf die Durchschnittslinie gefällt, und AC gezogen, so steht, nach 1), AC normal auf der Durchschnittslinie. Eine Normale von A aus auf die Durchschnittslinie PQ gedacht, fällt mit AC zusammen, trifft also mit der Normale BC denselben Punkt der Durchschnittslinie.

§. 58. Lehrsatz.

Durch eine gerade Linie, welche nicht normal steht auf einer Ebene, kann jedesmal eine Ebene gedacht werden, die auf jener Ebene normal steht.

Beweis. Man denke eine Ebene E und eine gerade Linie AB, welche auf der Ebene E nicht normal steht. Es wird behauptet, durch die Linie AB lasse sich eine Ebene F construiren, normal stehend auf E. — Denn wird in der Linie AB irgend ein Punkt B genommen, von ihm aus eine Normale BC auf die Ebene E gefällt, und durch die Linien AB und BC eine Ebene F gelegt, so hat man eine Ebene, welche durch die Linie AB geht und auf der Ebene E normal steht nach §. 53.

§. 59. Lehrsatz.

Steht eine gerade Linie nicht normal auf einer Ebene, und legt man durch die Linie beliebig viele Ebenen, welche normal stehen auf jener Ebene, so fallen alle diese Ebenen in einander.

Beweis. Eine Linie AB stehe nicht normal auf einer Ebene E. Durch die Linie AB seien beliebig viele Ebenen F, G, H u. s. w. gelegt, sämmtlich normal auf der Ebene E. Es wird behauptet, die Ebenen F, G, H u. s. w. fallen in einander. — In der Linie AB nehme man irgend einen Punkt B an und fälle von ihm aus eine Normale BC auf die Ebene E. Der Punkt B liegt in jeder von den Ebenen F, G, H u. s. w., die Normale BC daher nach §. 55 in jeder von den Ebenen F, G, H u. s. w., also gehen alle diese Ebenen durch dieselben zwei sich schneidenden Linien AB und BC, und fallen in einander.

§. 60. Lehrsatz.

Stehen zwei sich schneidende Ebenen normal auf einer dritten Ebene, so schneidet ihre Durchschnittslinie die dritte Ebene und steht normal auf derselben.

Beweis. Denn stände die Durchschnittslinie nicht normal auf der dritten Ebene, so müßten die beiden ersten Ebenen nach dem vorigen Paragraphen zusammen fallen.

§. 61. Lehrsatz.

Zwei parallele Ebenen E und F werden von einer dritten Ebene G unter gleichen Neigungswinkeln geschnitten.

Beweis. Man denke eine Linie normal zur Ebene G, und eine zweite normal auf der einen von den parallelen Ebenen, etwa E. Diese wird zugleich normal zur anderen Ebene F. Nach §. 52 bilden die Normalen den Neigungswinkel der Ebenen E und G, zugleich den der Ebenen F und G. Daraus erhellet der Satz.

§. 62. Lehrsatz.

Stehen zwei Ebenen E und F normal auf einer dritten Ebene G, und sind die Durchschnittslinien parallel, so sind die Ebenen E und F parallel.

Beweis. Man denke in der Ebene E eine Linie normal zur Durchschnittslinie zwischen den Ebenen E und G, und in der Ebene G eine Linie normal zur Durchschnittslinie zwischen den Ebenen E und G. Diese Linien stehen normal auf der Ebene G, sind also parallel. Andererseits sind die Durchschnittslinien parallel. Die Ebenen E und F gehen demnach durch sich schneidende beziehlich parallele Linien, und deshalb sind sie parallel.

§. 63. Lehrsatz.

Werden zwei gerade Linien von drei parallelen Ebenen geschnitten, so verhalten sich irgend zwei Stücke der einen Linie wie die beiden Stücke der anderen Linie, welche mit jenen zwischen denselben Ebenen sich befinden.

Beweis. Man denke irgend zwei gerade Linien, und schneide sie durch drei parallele Ebenen E, F, G. Die Punkte, in welchen die eine Linie von den Ebenen geschnitten wird, seien beziehlich A, B, C, die, in welchen die andere geschnitten wird, A′ B′ C′. Man denke die Linie AC′. Sie schneide die Ebene F in N. Wird die Ebene CAC′ gedacht, so erhellet, daß die Linien BN und CC′ parallel sind. Eben so sind NB′ und AA′ parallel. Und jetzt leuchtet ein, daß zwei Stücke der Linie AC sich verhalten wie die Stücke der Linie AC′, welche mit jenen zwischen denselben Ebenen sich befinden, während diese Stücke der Linie AC′ sich verhalten wie die Stücke der Linie A′C′ zwischen denselben Ebenen. Darin liegt der Satz.

§. 64. Lehrsatz.

Stehen eine gerade Linie und eine Ebene normal auf einer Ebene, und fallen sie nicht in einander, so sind die Linie und die erste Ebene parallel.

Beweis. Man denke eine gerade Linie AB und eine Ebene E, beide normal stehend auf einer Ebene F, ohne zusammenzufallen. Die Linie AB und die Ebene E sind parallel. — Durch die Linie AB lege man eine Ebene G, welche die Ebene E schneidet. Die Durchschnittslinie der Ebenen G und E sei PQ. Die Ebene G steht normal auf der Ebene F, weil sie durch die Linie AB geht, die auf der Ebene F normal steht. Da die Ebenen E und G auf der Ebene F normal stehen, ist ihre Durchschnittslinie PQ normal auf F, und deshalb parallel mit AB. Nun ist die Linie AB parallel mit der Linie PQ in der Ebene E, also parallel mit E selbst.

§. 65. Lehrsatz.

Sind eine gerade Linie und eine Ebene parallel, und steht eine Ebene normal auf der Linie, so steht sie auch normal auf der mit der Linie parallelen Ebene.

Beweis. Eine gerade Linie AB und eine Ebene E seien parallel. Eine Ebene F stehe normal auf der Linie AB. Es wird behauptet, die Ebene F stehe auch normal auf der Ebene E. — Man lege durch die Linie AB eine Ebene G, welche die Ebene E schneidet. Die Durchschnittslinie der Ebenen G und E sei PQ. Die Linien AB und PQ sind parallel, weil AB mit E parallel ist. Da AB auf F normal steht, ist PQ normal auf F, und dann auch die Ebene E, welche durch PQ geht.

§. 66. Lehrsatz.

Ist eine gerade Linie parallel mit einer jeden von zwei sich schneidenden Ebenen, so ist sie parallel mit deren Durchschnittslinie.

Beweis. Zwei Ebenen E und F mögen sich schneiden. Ihre Durchschnittslinie sei PQ. Eine gerade Linie AB sei parallel sowohl mit der Ebene E, als mit der Ebene F. Der Behauptung gemäß ist die Linie AB parallel mit der Durchschnittslinie PQ. — Man stelle sich eine Ebene G vor, welche normal steht auf der Linie AB. Auf der Ebene G stehen die Ebenen E und F normal nach §. 65. Daher ist auch die Durchschnittslinie PQ der Ebenen E und F normal auf G, und deshalb parallel mit AB.

§. 67. Lehrsatz.

Liegen zwei gerade Linien nicht in einer Ebene, so läßt sich immer durch die eine Linie (beliebig welche) eine Ebene denken, welche mit der anderen Linie parallel ist.

Beweis. Denn liegen zwei Linien AB und CD nicht in einer Ebene, und legt man durch irgend einen Punkt A der einen Linie AB eine gerade Linie AN, parallel mit der anderen CD, und dann durch die sich schneidenden Linien AB und AN eine Ebene E, so geht diese durch die eine Linie AB, und ist parallel mit der anderen Linie CD.

§. 68. Lehrsatz.

Liegen zwei gerade Linien nicht in einer Ebene, und legt man durch die eine der Linien beliebig viele Ebenen, welche parallel sind mit der anderen Linie, so fallen diese Ebenen in einander.

Beweis. Fielen zwei von den Ebenen nicht in einander, so schnitten sie sich in der Linie, durch welche sie gelegt wurden; und da die andere Linie parallel wäre mit jeder der beiden sich schneidenden Ebenen, so müßte sie es auch mit ihrer Durchschnittslinie sein; das aber wäre gegen die Voraussetzung, daß die Linien nicht in einer Ebene sich befinden. Daher fallen die Ebenen in einander.

§. 69. Lehrsatz.

Liegen zwei gerade Linien nicht in einer Ebene, so giebt es immer zwei Ebenen, von welchen die eine durch die eine, die andere durch die andere der Linien geht, und welche parallel sind.

Beweis. Denn liegen zwei Linien nicht in einer Ebene, so kann man nach §. 67 durch die eine Linie eine Ebene legen parallel mit der anderen Linie, und dann durch die andere Linie eine Ebene, parallel mit der ersteren Ebene.

§. 70. Lehrsatz.

Liegen zwei gerade Linien nicht in einer Ebene, und hat man durch sie beliebig oft zwei Ebenen gelegt, welche parallel sind, so fallen alle Ebenen in einander, welche durch die eine Linie gehen, eben so alle, welche durch die andere Linie gehen.

Beweis. Denn fielen zwei solche Ebenen nicht in einander, so folgte aus §. 66, daß die Linien parallel wären.

§. 71. Lehrsatz.

Liegen zwei gerade Linien nicht in einer Ebene, so giebt es immer eine gerade Linie, welche normal steht auf einer jeden von ihnen.

Beweis. Man stelle sich zwei gerade Linien AB und CD vor, welche nicht in einer Ebene liegen. Durch die eine dieser Linien, etwa AB, lege man eine Ebene E, die parallel ist mit der anderen Linie CD, und durch die andere Linie CD eine Ebene F, welche normal steht auf der Ebene E. Die Durchschnittslinie der Ebenen F und E sei NQ. Die Linie NQ ist parallel mit der Linie CD. Die Linien AB und NQ schneiden sich; denn wäre NQ mit AB parallel, oder fiele NQ mit AB zusammen, so müßten AB und CD parallel sein. Der Durchschnittspunkt der Linien AB und NQ sei T. In dem Punkte T errichte man auf der Ebene E eine Normale. Diese steht normal auf der Linie AB. Sie steht aber zugleich normal auf der Linie CD, denn sie fällt in die Ebene F, und steht normal auf der mit CD parallelen Linie NQ. Jene in T auf der Ebene E errichtete Normale steht also auf jeder der Linien AB und CD normal.

§. 72. Lehrsatz.

Eine Linie, welche normal steht auf einer jeden von zwei windschiefen Linien, steht auch normal auf den parallelen Ebenen, welche durch die windschiefen Linien gedacht werden können.

Beweis. Man denke zwei gerade Linien AB und CD, welche nicht in einer Ebene liegen, und eine gerade Linie TV, welche normal steht auf einer jeden von ihnen, auf AB in T, auf CD in V. — Durch den Punkt T lege man eine Ebene E normal auf TV, durch V eine Ebene F ebenfalls normal auf TV. Die Ebene E nimmt die Linie AB, die Ebene F die Linie CD in sich auf, und beide Ebenen sind parallel. In den Ebenen E und F hat man also die parallelen Ebenen, welche durch AB und CD gelegt werden können, und die Linie TV steht normal auf ihnen.

§. 73. Lehrsatz.

Alle geraden Linien, welche normal stehen auf zwei nicht in einer Ebene liegenden Linien, fallen in einander.

Beweis. Denn fielen zwei nicht in einander, so würden sie parallel sein, weil jede normal steht auf den parallelen Ebenen, welche durch die windschiefen Linien gedacht werden können, und dann müßten die windschiefen Linien in einer Ebene liegen, nämlich in der Ebene, welche durch die beiden parallelen Normalen geht. Das widerspricht sich aber.

§. 74. Lehrsatz.

Die gerade Linie, welche auf zwei windschiefen Linien normal steht, ist kürzer als jede andere Linie, die zwei Punkte der windschiefen Linien verbindet.

Beweis. Man stelle sich zwei windschiefe Linien AB und CD vor, und eine gerade Linie TV, welche auf beiden normal steht. Man nehme noch eine gerade Linie XY an, welche einen Punkt X der Linie AB mit einem Punkte Y der Linie CD verbindet, und nicht mit der Linie TV zusammenfällt. Der Behauptung gemäß ist die Linie TV kürzer als die Linie XY. — Durch die Linie AB lege man eine Ebene E parallel mit der Linie CD. Auf der Ebene E steht die Linie TV normal nach §. 72, die Linie XY aber schief, denn stände die letzte Linie auf der Ebene E auch normal, so wäre sie mit TV parallel, und dann müßten die Linien AB und CD in einer Ebene liegen. Aus dem Punkte Y fälle man eine Normale YZ auf die Ebene E, und ziehe XZ. Dadurch entsteht ein rechtwinkliges Dreieck XYZ. Die Hypotenuse XY ist größer als die Kathete YZ, also auch größer als die Linie TV, welche der Kathete YZ gleich ist. (Es ist nämlich sowohl TV als YZ der normale Abstand der Linie CD von der mit derselben parallelen Ebene E.)

Zweites Kapitel.

Von den körperlichen Ecken.

§. 75.

Man nehme einen Punkt an, lasse von ihm aus mehr als zwei gerade Linien nach beliebigen Richtungen, doch so, daß nie drei auf einander folgende in einer Ebene liegen, sich ins Unendliche hin erstrecken, und denke je zwei auf einander folgende Linien durch eine Ebene verbunden. Die Ebenen theilen den unendlichen Raum in zwei Theile; jeder von diesen Theilen heißt eine körperliche Ecke. Ist schlechthin von einer körperlichen Ecke die Rede, so hat man von den beiden körperlichen Ecken, welche durch dieselben Ebenen gebildet werden, die vor Augen, die den kleineren Theil des unendlichen Raumes umfaßt.

In jeder von den Linien, welche man von dem zuerst angenommenen Punkt hat ausgehen lassen, schneiden sich zwei der Ebenen; und die Anzahl der Linien ist der Anzahl der Ebenen gleich. Jede der Linien heißt eine Kante der körperlichen Ecke, der Punkt, von welchem alle Kanten ausgehen, der Eckpunkt. Eine körperliche Ecke heißt nkantig, wenn sie n Kanten hat, oder, was dasselbe ist, durch n Ebenen begränzt wird. Eine nkantige körperliche Ecke wird auch ein körperliches neck genannt.

Jeder Winkel, welchen zwei auf einander folgende Kanten bilden, heißt ein Seitenwinkel, schlechthin eine Seite, jeder Neigungswinkel zweier auf einander folgenden Ebenen ein Neigungswinkel, schlechthin ein Winkel der körperlichen Ecke.

§. 76.

Man stelle sich irgend eine körperliche Ecke vor, verlängere ihre sämmtlichen Kanten über den Eckpunkt hinaus, und denke die körperliche Ecke, welche die Verlängerungen zu Kanten hat. Die neu erhaltene körperliche Ecke ist nkantig, wenn die erste nkantig war, die zweite körperliche Ecke hat alle Seiten und alle Winkel mit der ersten körperlichen Ecke beziehlich gleich, und in derselben, doch entgegengesetzten Reihenfolge. Beide Ecken, obgleich sie alle Seiten und Winkel beziehlich gleich und in einerlei Lage zu einander haben, sind wegen der entgegengesetzten Reihenfolge nicht congruent, d. h. sie können nicht in einander gesteckt werden, so daß sie sich decken.

Zwei körperliche Ecken, von der Beschaffenheit, daß die Kanten der einen die Verlängerungen von den Kanten der anderen sind, oder sein können, nennt man Vertical-Ecken oder Scheitel-Ecken.

§. 77.

Zwei Verticalecken sind im Allgemeinen nicht congruent, und umgekehrt, zwei congruente körperliche Ecken sind im Allgemeinen nicht Verticalecken.

Zwei körperliche Ecken, welche alle Seiten und Winkel beziehlich gleich haben, und in einerlei Lage zu einander, sind entweder selbst congruent, oder sie sind Verticalecken, und in dem letzteren Fall ist jedesmal die eine congruent mit der Verticalecke der anderen.

In zwei körperlichen Dreiecken, welche alle Seiten und alle Winkel beziehlich gleich und in einerlei Lage haben, welche also entweder congruent oder Verticalecken sind, liegen beziehlich gleichen Seiten gleiche Winkel gegenüber, und beziehlich gleichen Winkeln gleiche Seiten. Um also bei zwei körperlichen Dreiecken aus der Gleichheit zweier von ihren Seiten auf die Gleichheit der gegenüberstehenden Winkel schließen zu dürfen, und umgekehrt, ist es gleichgültig, ob die Dreiecke congruent sind, oder das eine das Verticaldreieck des anderen ist.

§. 78.

Man stelle sich irgend eine körperliche Ecke vor, errichte auf jeder von den Ebenen, welche sie begränzen, in dem Eckpunkt eine Normale und denke die körperliche Ecke, deren Kanten diese Normalen sind. Die zweite körperliche Ecke, welche hierdurch erhalten wird, heißt die Supplementsecke, oder die Ergänzungsecke der ersten körperlichen Ecke.

§. 79. Lehrsatz.

Jede körperliche Ecke ist die Supplementsecke ihrer Supplementsecke. —

Beweis. Man stelle sich irgend eine körperliche Ecke vor. Die Kanten derselben mögen AB, AC, AD, AE, AF u. s. w. sein. Auf der Ebene BAC errichte man in dem Eckpunkte A eine Normale AB′, auf der Ebene CAD in dem Punkte A eine Normale AC′, auf der Ebene DAE in dem Punkte A eine Normale AD′ u. s. f., und denke die körperliche Ecke, deren Kanten die Normalen AB′, AC′, AD′ u. s. w. sind. Die letzte Ecke ist die Supplementsecke der ersten körperlichen Ecke. Es wird behauptet, die erste körperliche Ecke sei die Supplementsecke ihrer Supplementsecke. — Den Satz zu beweisen ist bloß darzulegen, daß die Kanten der zuerst gedachten Ecke normal stehen auf den Ebenen der zweiten. Die Kante AB′ steht normal auf der Ebene BAC, also normal auf der Kante AC in dieser Ebene; die Kante AC′ steht normal auf der Ebene CAD, deshalb normal auf der Kante AC, welche auch in dieser Ebene sich befindet: die Kante AC steht also normal auf der Kante AB′ und auf der Kante AC′, folglich ist die Kante AC normal auf der Ebene B′AC′. — Die Kante AC′ steht auf der Kante AD normal, da sie auf der Ebene CAD normal steht; die Kante AD′ steht normal auf der Ebene DAE, mithin normal auf der Kante AD in dieser Ebene: die Kante AD ist also normal auf den Kanten AC′ und AD′, folglich normal auf der Ebene C′AD′. U. s. w. U. s. w. Der Satz erhellet demnach.

§. 80.

Zwei körperliche Ecken, von welchen die eine die Supplementsecke zur anderen ist, haben die Eigenschaft, daß die Seiten der einen sich mit den Winkeln der andern einzeln zu einem gestreckten Winkel ergänzen.

Dies folgt unmittelbar aus §. 52 und aus dem vorangegangenen Paragraphen.

§. 81. Lehrsatz.

Sind zwei körperliche Ecken congruent, so sind auch ihre Supplementsecken congruent.

Beweis. Denn denkt man die congruenten körperlichen Ecken in einander geschoben, daß sie sich decken, so müssen die Kanten ihrer Supplementsecken nach §. 30 in einander fallen, und mit ihnen die Supplementsecken selbst.

§. 82. Lehrsatz.

Sind die Supplementsecken zweier körperlichen Ecken congruent, so sind diese körperlichen Ecken selbst congruent.

Beweis. Folgt unmittelbar aus dem vorigen Paragraph, da jede körperliche Ecke die Supplementsecke zu ihrer Supplementsecke abgiebt.

§. 83. Lehrsatz.

Die Supplementsecken zweier Verticalecken sind selbst Verticalecken.

Beweis. Da die Verticalecken alle Seiten beziehlich gleich haben, so sind nach §. 80 alle Winkel der Supplementsecken beziehlich gleich, und da die Verticalecken alle Winkel beziehlich gleich haben, sind auch alle Seiten der Supplementsecken beziehlich gleich. Da endlich die Folge in den Verticalecken entgegengesetzt ist, muß sie es auch in den Supplementsecken sein: Folglich sind die Supplementsecken Verticalecken. [Daß die Supplementsecken bei der Gleichheit der Seiten und Winkel nicht congruent sein können, folgt auch indirect aus dem vorigen Paragraph.]

§. 84. Lehrsatz.

Die Summe zweier Seiten eines körperlichen Dreiecks ist größer als die dritte Seite.

Beweis. Es sei A der Eckpunkt eines körperlichen Dreiecks, AB, AC, AD seien die drei Kanten desselben. Die drei Seiten BAC, BAD, CAD seien beziehlich n, p, q. Der Behauptung gemäß ist die Summe zweier von diesen Seiten größer als die dritte. — Es mag bewiesen werden, daß die Summe der beiden Seiten n und p größer als die dritte Seite q ist. Ist schon eine der beiden Seiten n und p größer als die dritte Seite q, oder sind die drei Seiten einander gleich, so fällt der Satz ohne Weiteres in die Augen. Die ungünstigste Voraussetzung, welche gemacht werden kann, ist die, daß jede einzelne der Seiten n und p kleiner ist als die Seite q, und unter dieser Voraussetzung soll der Satz bewiesen werden. Man ziehe in der Ebene CAD die Linie AG dergestalt, daß der Winkel CAG gleich n werde. Man nehme in der Kante AB den Punkt B beliebig, mache AG gleich AB, nehme in AC den Punkt C beliebig, und lege durch die Punkte B, C und G eine Ebene, welche die Kante AD in dem Punkte D schneiden mag. Die Linien BC, CD, BD sind die Durchschnittslinien der Ebene BCG mit den Ebenen, welche das körperliche Dreieck begränzen. — Die Dreiecke ABC und ACG sind congruent, denn sie haben die Seite AC gemeinschaftlich, die Seiten AB und AG, und die Winkel BAC und CAG gleich. Deshalb ist BC gleich CG. — In dem Dreieck BCD ist die Summe der Seiten BC und BD größer als die Seite CD; und weil BC gleich CG ist, folgt, daß BD größer ist als GD. — Die Dreiecke BAD und DAG haben die Seite AD gemeinschaftlich, die Seiten AB und AG gleich, die dritten Seiten aber ungleich, und zwar ist BD größer als DG. Deshalb ist der Winkel p größer als der Winkel DAG. Da der letzte Winkel gleich q — n ist, so hat man

$$p > q - n$$

$$\text{folglich } n + p > q.$$

Und das war zu erweisen.

Der Satz gilt nicht allgemein, sondern nur für solche

körperlichen Dreiecke, an welchen jede Seite kleiner als ein gestreckter Winkel ist. Dies sind indeß diejenigen, welche gewöhnlich, und in der Anwendung lediglich, vorkommen. Auf körperliche Dreiecke einzugehen, welche eine Seite haben, die größer ist als ein gestreckter Winkel, ist hier nicht der Ort.

§. 85. Lehrsatz.

Die Summe aller Seiten einer körperlichen Ecke ist kleiner als vier rechte Winkel.

Beweis. Man stelle sich eine nkantige körperliche Ecke vor und schneide sie durch eine Ebene, welche alle Kanten derselben trifft. Von der körperlichen Ecke wird durch die Ebene ein Körper abgesondert, welcher durch n Dreiecke und durch ein neck, das die Durchschnittsebene geliefert hat, begränzt ist. Die Summe aller Seiten der körperlichen Ecke sei x; die Summe aller der Winkel der n Dreiecke, welche nicht als Seiten der körperlichen Ecke erscheinen, sei y; dann ist $x+y$ die Summe aller Winkel der n Dreiecke, also, weil die Summe der Winkel eines jeden Dreiecks 2R beträgt,

$$x+y=2nR.$$

An dem erwähnten Körper finden sich n dreikantige Ecken, von welchen jede einen Winkel der Durchschnittsebene zur Seite hat. Die Summe der beiden anderen Seiten einer jeden von diesen dreikantigen Ecken ist nach dem vorigen Paragraphen größer als die dritte Seite. Die Summe der beiden anderen Seiten aller n dreikantigen Ecken ist y. Die Summe der dritten Seiten ist die Summe aller Winkel des necks, also $(n-2)$ 2R. Man hat demnach

$$y>2nR-4R.$$

Dies subtrahire man oben; dadurch entsteht

$$x<4R,$$

welches zu erweisen war.

Dieser Satz gilt nicht allgemein, sondern nur für solche körperlichen necke, welche keine erhabenen Winkel enthalten. Die Summe aller Seiten eines körperlichen necks, welches erhabene Winkel enthält, kann kleiner, gleich oder größer als vier rechte Winkel sein.

§. 86. Lehrsatz.

Die Summe aller Winkel einer nkantigen körperlichen Ecke ist größer als $(n-2)2R$ und kleiner als n2R.

Beweis. Man stelle sich eine nkantige körperliche Ecke vor und ihre Supplementsecke. Die Summe aller Winkel der körperlichen Ecke sei x, die Summe aller Seiten ihrer Supplementsecke sei y. Dann ist wegen §. 80

$$x+y=n2R.$$

Hieraus folgt zuvörderst

$$x < n2R.$$

Es ist nach dem vorigen Paragraph

$$y < 4R$$

und, wenn man dies oben subtrahirt, folgt ferner

$$x > (n-2)2R.$$

Das ist aber der Satz.

Die Summe aller Winkel eines körperlichen Dreiecks liegt daher zwischen 2R und 6R, die eines körperlichen Vierecks zwischen 4R und 8R u. s. f.

Auch dieser Satz gilt nicht allgemein.

§. 87. Lehrsätze.

1) Zwei körperliche Dreiecke sind congruent, wenn zwei Seiten des einen einzeln gleich sind zweien Seiten des anderen, wenn die Winkel gleich sind, welche von diesen Seiten gebildet werden, und wenn die Folge der Seiten und des Winkels in beiden Dreiecken dieselbe ist.

Beweis. Denn legt man die Dreiecke in einander, so, daß die einen der gleichen Seiten sich decken, so fallen wegen der Gleichheit der Winkel auch die anderen gleichen Seiten in einander, und die Dreiecke decken sich.

2) Zwei körperliche Dreiecke sind Verticalecken, wenn zwei Seiten des einen einzeln gleich sind zweien Seiten des anderen, wenn die Winkel gleich sind, welche von diesen Seiten gebildet werden, und wenn die Folge der Seiten und des Winkels in einem Dreieck entgegengesetzt ist der Folge der Seiten und des Winkels im anderen.

Beweis. Denn das eine der körperlichen Dreiecke ist alsdann nach 1) congruent mit der Verticalecke des anderen.

§. 88. Lehrsätze.

1) Zwei körperliche Dreiecke sind congruent, wenn sie eine Seite und die daran liegenden Winkel beziehlich gleich haben und in einerlei Folge.

Beweis. Man denke zwei körperliche Dreiecke, welche eine Seite und die beiden daran liegenden Winkel beziehlich gleich haben, und stelle sich ihre Supplementsecken vor. Die Supplementsecken haben, wie leicht erhellet, zwei Seiten und die von diesen gebildeten Winkel beziehlich gleich, und sind congruent nach 1) im vorigen Paragraph. Dann sind aber die körperlichen Dreiecke selbst congruent nach §. 82.

2) Zwei körperliche Dreiecke sind Verticalecken, wenn sie eine Seite und die beiden daran liegenden Winkel beziehlich gleich haben, aber die Folge dieser Stücke in beiden Dreiecken entgegengesetzt ist.

Beweis. Denn das eine ist nach 1) congruent mit der Verticalecke des andern.

§. 89. Lehrsatz.

Sind zwei Seiten eines körperlichen Dreiecks gleich, so sind die Winkel gleich, welche diesen Seiten gegenüber stehen.

Beweis. In dem körperlichen Dreieck Fig. 2 mögen die Seiten a und b (d. h. die Seitenwinkel DCF und DCE) einander gleich sein. Der Behauptung gemäß sind dann die ihnen gegenüberstehenden Winkel α und β (d. h. die Neigungswinkel der Ebenen CEF und CED, und CFE und CFD) einander gleich.*) — Man denke eine Ebene CDG, welche den dritten Winkel γ des körperlichen Dreiecks in zwei gleiche Theile theilt. Diese Ebene zerlegt das körperliche Dreieck in zwei körperliche Dreiecke, welche Verticalecken sind, weil sie zwei Seiten und die von ihnen gebildeten Winkel beziehlich gleich haben, doch in entgegengesetzter Folge; sie haben nämlich die Seite DCG gemeinschaftlich, die Seiten a und b gleich, und die Winkel, in welche γ getheilt ist. Daraus folgt die Gleichheit der Winkel α und β.

§. 90. Lehrsatz.

Sind zwei Winkel eines körperlichen Dreiecks gleich, so sind die Seiten gleich, welche diesen Winkeln gegenüber stehen.

Beweis. Denn sind zwei Winkel eines körperlichen Dreiecks gleich, so sind die zugehörigen beiden Seiten der Supplementsecke gleich, dann, nach dem vorigen Paragraph, die Winkel der Supplementsecke, welche diesen Seiten gegenüber stehen, dann weiter die Seiten der ersten Ecke, welche zu diesen Winkeln gehören. Und dies sind dieselben Seiten, deren Gleichheit zu erweisen war.

§. 91. Lehrsatz.

Sind zwei Winkel eines körperlichen Dreiecks ungleich, so sind die Seiten ungleich, welche diesen Winkeln gegenüber stehen, und zwar steht dem größeren Winkel die größere Seite gegenüber.

Beweis. Es sei Fig. 3 der Winkel α größer als der Winkel β. Der Behauptung gemäß ist alsdann die Seite a größer als die Seite b. Man denke die Ebene CEG, welche von dem größeren Winkel einen Winkel abschneidet, gleich dem kleineren β. In dem körperlichen Dreieck CEFG ist dann die Seite GCF gleich der Seite GCE. In dem körperlichen

*) Wir werden überall in der Folge Seiten körperlicher Dreiecke durch kleine lateinische und Winkel körperlicher Dreiecke durch kleine griechische Buchstaben bezeichnen.

Dreieck CDEG betragen die beiden Seiten DCG und GCE zusammengenommen mehr, als die Seite b, daher ist auch DCG + GCF größer als b, oder es ist die Seite a größer als die Seite b. Und das ist der Satz.

§. 92. Lehrsatz.

Sind zwei Seiten einer körperlichen Ecke ungleich, so sind die Winkel ungleich, welche diesen Seiten gegenüber stehen, und zwar steht der größeren Seite der größere Winkel gegenüber.

Beweis. Denn sind zwei Seiten einer körperlichen Ecke ungleich, so sind die zugehörigen Winkel der Supplementsecke ungleich, und zwar gehört zur größeren Seite der kleinere Winkel; den ungleichen Winkeln der Supplementsecke stehen, nach dem vorigen Paragraph, ungleiche Seiten gegenüber, und daher sind die Winkel der ursprünglichen körperlichen Ecke ungleich, und zwar so, wie es im Satze behauptet worden.

§. 93. Lehrsätze.

1) Zwei körperliche Dreiecke sind congruent, wenn die drei Seiten des einen einzeln gleich sind den drei Seiten des anderen, und wenn die Folge dieser Seiten in beiden Dreiecken dieselbe ist.

Dieser Satz wird ähnlich bewiesen, wie der ähnlich lautende Satz von der Congruenz ebener Dreiecke.

2) Zwei körperliche Dreiecke sind Verticalecken, wenn sie die drei Seiten beziehlich gleich, aber in entgegengesetzter Folge haben.

Beweis. Denn das eine ist nach 1) congruent mit der Verticalecke des anderen.

§. 94. Lehrsätze.

1) Zwei körperliche Dreiecke sind congruent, wenn die drei Winkel des einen einzeln gleich sind den drei Winkeln des anderen, und wenn die Folge der Winkel in beiden Dreiecken dieselbe ist.

Beweis. Denn die Supplementsecken der körperlichen Dreiecke haben die drei Seiten beziehlich gleich, sind also congruent, nach 1) im vorigen Paragraph, und dann sind es auch die Dreiecke selbst nach §. 82.

2) Zwei körperliche Dreiecke sind Verticalecken, wenn sie die drei Winkel beziehlich gleich, aber in entgegengesetzter Folge haben.

Beweis. Denn das eine ist nach 1) der Verticalecke des anderen congruent.

§. 95. Lehrsätze.

1) Zwei körperliche Dreiecke sind congruent, wenn zwei Seiten des einen einzeln gleich sind zweien Seiten des an-

deren, wenn die Winkel gleich sind, welche den einen dieser Seiten gegenüber liegen, wenn die Summe der Winkel, welche den anderen gegenüber liegen, mehr oder weniger ausmacht, als einen gestreckten Winkel, und wenn die Folge dieser Stücke in beiden Dreiecken dieselbe ist.

Wird bewiesen, wie der ähnlich lautende Satz von der Congruenz ebener Dreiecke.

2) Zwei körperliche Dreiecke sind Verticalecken, wenn u. s. w.

§. 96. Lehrsätze.

1) Zwei körperliche Dreiecke sind congruent, wenn zwei Winkel des einen einzeln gleich sind zweien Winkeln des anderen, wenn die Seiten gleich sind, welche dem einen dieser Winkel gegenüber liegen, wenn die Summe der Seiten, welche den anderen gegenüber liegen, mehr oder weniger ausmacht, als einen gestreckten Winkel, und wenn die Folge dieser Stücke in beiden Dreiecken dieselbe ist.

Folgt leicht vermittelst der Supplementsecken.

2) Zwei körperliche Dreiecke sind Verticalecken, wenn u. s. w.

§. 97. Lehrsatz.

Wenn man den Winkel eines gleichschenkligen körperlichen Dreiecks, welcher von den gleichen Schenkeln gebildet wird, durch eine Ebene in zwei gleiche Theile theilt, so theilt diese Ebene die dem Winkel gegenüberstehende Seite des körperlichen Dreiecks in zwei gleiche Theile und steht normal auf derselben.

Beweis. Denn es sind, wie leicht erhellet, die körperlichen Dreiecke Verticalecken, in welche das gleichschenklige körperliche Dreieck durch die Ebene zerlegt wird.

§. 98.

Mit Leichtigkeit könnte in dem gegenwärtigen Kapitel noch eine bedeutende Anzahl von Sätzen aufgestellt werden. Die mitgetheilten Sätze reichen für unseren Zweck aus. Uebrigens dürfte man sich im Stande sehen, selbst noch Sätze anzureihen und zu beweisen.

Drittes Kapitel.

Von den vorzüglichsten Körpern, und von der Bestimmung ihres Inhalts und ihrer Oberfläche.

I. Vom Prisma.

§. 99.

Man stelle sich mehr als zwei unendliche gerade Linien vor, jede parallel mit jeder der übrigen, in beliebiger Lage zu einander, doch so, daß nie drei auf einander folgende in einer Ebene sich befinden, und denke je zwei auf einander folgende durch eine Ebene verbunden. Der Raum, welchen diese Ebenen umschließen, heißt ein **prismatischer Raum**.

In jeder von den gedachten parallelen Linien schneiden sich zwei Ebenen. Die Anzahl der Ebenen ist der Anzahl der Linien gleich. Jede von den Linien heißt eine **Kante** des prismatischen Raums. Ein prismatischer Raum heißt **nkantig** oder **nseitig**, wenn er n Kanten hat, oder, was dasselbe ist, durch n Ebenen begränzt wird.

§. 100. **Lehrsatz.**

Wird ein nseitiger prismatischer Raum durch zwei parallele Ebenen geschnitten, welche die Kanten treffen, so sind die Durchschnittsfiguren congruente necke, und die zwischen den parallelen Ebenen liegenden Thelle von den Ebenen, welche den prismatischen Raum umschließen, sind Parallelogramme.

Beweis. Die parallelen Durchschnittsebenen werden von einer jeden den prismatischen Raum umschließenden Ebene in parallelen Linien geschnitten. Daraus erhellet leicht, daß die zwischen den parallelen Ebenen liegenden Theile der Ebenen, welche den prismatischen Raum umschließen, Parallelogramme sind. — Sind diese Theile Parallelogramme, so sind die Seiten der Durchschnittsfiguren, als gegenüberstehende Seiten von Parallelogrammen, beziehlich gleich. Die Durchschnittsfiguren haben ferner alle Winkel beziehlich gleich, denn die

Schenkel derselben sind parallel. Die Durchschnittsfiguren sind demnach congruent. Und daß sie necke sind, wenn der prismatische Raum nseitig war, fällt in die Augen.

§. 101.

Man stelle sich einen prismatischen Raum vor, und schneide denselben durch zwei parallele Ebenen dergestalt, daß die Ebenen die Kanten des prismatischen Raumes treffen. Die Ebenen theilen den prismatischen Raum in drei Theile. Der Theil des prismatischen Raumes, welcher zwischen den beiden parallelen Ebenen sich befindet, ist ein überall begränzter Körper, und heißt ein Prisma. War der prismatische Raum nseitig, aus welchem das Prisma geschnitten worden, so ist es durch zwei congruente necke, deren Ebenen parallel sind, und durch n Parallelogramme begränzt. Die beiden congruenten necke, deren Ebenen parallel sind, heißen die Grundebenen des Prismas, die begränzenden Parallelogramme werden Seitenebenen genannt. Jede Linie, in welcher sich eine Grundebene und eine Seitenebene schneiden, heißt eine Grundkante, jede, in welcher zwei Seitenebenen sich schneiden, eine Seitenkante. Der normale Abstand der beiden Grundebenen heißt die Höhe des Prismas. Ein Prisma heißt nseitig, wenn der prismatische Raum, aus welchem es geschnitten ist, nseitig war; ein Prisma heißt normal, wenn die Seitenebenen normal auf den Grundebenen stehen, schief, wenn die Seitenebenen nicht normal stehen auf den Grundebenen. Bei einem normalen Prisma stehen auch die Seitenkanten normal auf den Grundebenen, und umgekehrt, stehen die Seitenkanten eines Prismas normal auf den Grundebenen, so ist das Prisma ein normales. Ein Prisma, dessen Grundebenen Parallelogramme sind, heißt ein Parallelepipedum; ein solches ist von sechs Parallelogrammen begränzt; je zwei gegenüberliegende befinden sich in parallelen Ebenen, sind congruent, und können als Grundebenen betrachtet werden. Sind sowohl die Grund- als die Seitenebenen eines Prismas Quadrate, so heißt es ein Würfel, oder ein Cubus, oder ein Hexaeder. Alle Kanten eines Würfels sind einander gleich. Die Kante eines Würfels wird auch die Seite des Würfels genannt. Ein Würfel, dessen Kante ein Fuß, ein Zoll u. s. w. ist, heißt ein Kubikfuß, Kubikzoll u. s. w.

§. 102. Lehrsatz.

Bei jedem Parallelepipedum sind die gegenüberstehenden körperlichen Winkel einander gleich.

Beweis. Die parallelen Ebenen AH und BG Fig. 4 werden von der Ebene FH unter gleichen Winkeln geschnitten, ebenso die parallelen Ebenen BD und FH von der Ebene AH. Daraus erhellet, daß die körperlichen Winkel an den gegenüberstehenden Kanten AD und FG einander gleich sind.

§. 103.

Ein Parallelepipedum Fig. 4 wird durch eine Diagonalebene AG in zwei dreiseitige Prismen zerschnitten. Stehen die Kanten AE und CG, durch welche die Diagonalebene geführt ist, normal auf den jene Kanten begränzenden Ebenen ABCD und EFGH, so fallen die beiden dreiseitigen Prismen congruent aus; stehen dagegen jene Kanten nicht normal auf den sie begränzenden Ebenen, so stimmen zwar die dreiseitigen Prismen in ihren Begränzungsflächen und körperlichen Winkeln überein, lassen sich aber nicht zur Deckung bringen.

§. 104. Lehrsatz.

Die dreiseitigen Prismen, in welche eine Diagonalebene ein Parallelepipedum zerlegt, sind gleich.

Beweis. Stehen die Kanten, durch welche die Diagonalebene gelegt wurde, normal auf den sie begränzenden Ebenen, so fallen die Prismen congruent aus, und sind daher gleich. Stehen Fig. 4 jene Kanten schief auf den sie begränzenden Ebenen, so wende man das eine Prisma ACDEGH und bringe es gegen das andere in die Lage A'C'D'E'G'H' Fig. 5. Eine genauere Betrachtung lehrt, daß die Körper BCA'D'A und FGE'H'E congruent sind, und daraus erhellet die Gleichheit der beiden dreiseitigen Prismen.

§. 105. Lehrsätze.

Parallelepipeden von congruenten Grundebenen und gleichen Höhen sind gleich.

Beweis. 1) Die Parallelepipeden Fig. 6 mögen congruente Grundebenen ABCD und A'B'C'D' haben, und gleiche Höhen, und außerdem mögen zuvörderst die Seitenebenen AH und A'H', welche an gleichen Grundkanten AD und A'D' liegen, einerlei Winkel mit den Grundflächen bilden. Man denke die congruenten Grundflächen in eine Ebene, die gleichen Grundkanten AD und A'D' in eine gerade Linie gebracht, dann befinden sich die Seitenflächen AH und A'H' in einer Ebene, eben so die gegenüberstehenden BG und B'G', ferner liegen die oberen Grundflächen in einer Ebene, und die Kanten EH und E'H' in gerader Linie. Es giebt sich nun leicht zu erkennen, daß die Prismen AEE'A'BFF'B' und DHH'D'CGG'C' congruent sind, und daraus erhellet die Gleichheit der Parallelepipeden.

2) Stimmen keine von den Winkeln überein, welche an den congruenten Grundflächen und an gleichen Grundkanten liegen, so denke man ein drittes Parallelepipedum, dessen Grund-

ebene congruent ist mit den Grundebenen der beiden zuerst gedachten Parallelepipeden, das mit ihnen gleiche Höhe hat, und das mit dem einen von ihnen die einen Winkel an gleichen Grundkanten, mit dem anderen die anderen gleich hat; das dritte Parallelepipedum ist nach 1) jedem der beiden ersten gleich, mithin sind diese selbst einander gleich.

§. 106. Lehrsatz.

Jedes Parallelepipedum kann in ein normales Parallelepipedum verwandelt werden, dessen Grundebenen Rechtecke sind, und das mit ihm gleiche Grundebene und gleiche Höhe hat.

Beweis. Man stelle sich irgend ein Parallelepipedum vor, dessen Grundebene ein Rhomboid sein mag. Ueber dieser Grundebene denke man ein normales Parallelepipedum von gleicher Höhe mit dem ersten. Das zweite Parallelepipedum ist dem ersten gleich nach dem vorigen Paragraph; und seine Seitenebenen sind Rechtecke. Man betrachte jetzt eines dieser Rechtecke als Grundebene, und denke über demselben wiederum ein normales Parallelepipedum, welches, in Bezug auf jenes Rechteck als Grundebene, gleiche Höhe mit dem zweiten hat. Das dritte Parallelepipedum ist dem zweiten gleich, also auch dem ersten, es ist bloß von Rechtecken begränzt, und man wird erkennen, daß es mit dem ersten gleiche Grundebene hat und gleiche Höhe.

§. 107. Lehrsatz.

Normale Parallelepipeden, deren Grundebenen congruente Rechtecke sind, verhalten sich wie ihre Höhen.

Beweis. Wir nehmen zuvörderst an, die Höhen der Parallelepipeden seien commensurabel. Auf jeder der Höhen denke man die gemeinschaftliche Einheit abgetragen, und durch jeden der Theilpunkte eine Ebene gelegt, in jedem Parallelepipedum parallel mit der Grundebene. Enthält die Höhe des einen Parallelepipedums p Einheiten, die des anderen q, so wird das erste Parallelepipedum durch die Ebenen in p, das andere in q Parallelepipeden zerlegt, welche sämmtlich congruent sind, wie leicht erhellet. Es verhalten sich daher die Parallelepipeden wie $p:q$, während die Höhen sich auch verhalten wie $p:q$. Demnach verhalten sich die Parallelepipeden wie die Höhen.

Wir nehmen ferner an, die Höhen der Parallelepipeden seien incommensurabel. Das eine Parallelepipedum sei durch P, das andere durch P′ bezeichnet, die Höhe des ersten Parallelepipedums sei AB, die des anderen A′B′. Es wird behauptet, daß sich verhalte

$$P : P' = AB : A'B'.$$

Der Beweis läßt sich für diesen Fall indirect führen. Man nehme an, es wäre

$$\frac{P}{P'} > \frac{AB}{A'B'}.$$

Dann müßte eine Linie A'C bestehen, kleiner als A'B', so daß

$$\frac{P}{P'} = \frac{AB}{A'C}$$

wäre. Das Stück A'C denke man auf A'B' abgetragen. Die Höhe AB theile man in eine so große Anzahl von gleichen Theilen, daß jeder Theil kleiner ausfällt als CB', trage einen solchen Theil von A' aus nach B' ab, bis ein Theilpunkt zwischen C und B' fällt in D, und denke durch D eine Ebene parallel mit den Grundebenen des Parallelepipedums P'. Das Parallelepipedum, welches die Höhe A'D hat, sei Q. Die Parallelepipeden P und Q haben gleiche Grundebenen und commensurable Höhen, daher verhält sich

$$\frac{P}{Q} = \frac{AB}{A'D}.$$

Die obere Gleichung dividire man durch diese; das liefert

$$\frac{Q}{P'} = \frac{A'D}{A'C}$$

Die Gleichung ist unrichtig, denn der erste Bruch ist echt, der andere unecht. Das unrichtige Resultat ist hervorgegangen aus der Verbindung der beiden ihm vorangegangenen Gleichungen. Die letzte derselben ist richtig, daher ist die erste falsch und die Annahme, welche sie geliefert hat, d. h. es kann nicht

$$\frac{P}{P'} > \frac{AB}{A'B'}$$

sein. Eben so läßt sich erweisen, daß nicht

$$\frac{P}{P'} < \frac{AB}{A'B'}$$

sein kann, und dann tritt die Behauptung ein.

§. 108. Lehrsatz.

Normale Parallelepipeden von gleichen Höhen, und deren Grundebenen Rechtecke sind, verhalten sich wie diese Grundebenen.

Beweis. Die Parallelepipeden seien durch P und P' bezeichnet, die Grundebene des ersten habe die Seiten **a** und b, die des anderen die Seiten a' und b'. Man denke ein drittes Parallelepipedum Q von gleicher Höhe mit den beiden ersten, und die Grundebene desselben sei ein Rechteck von den Seiten a und b'. Für die Parallelepipeden P und Q betrachte man die Seitenflächen über a als Grundebenen; diese sind dann gleich, und die Parallelepipeden verhalten sich, nach dem vorigen Paragraph, wie die zu diesen Grundebenen gehörigen Höhen b und b'. Man hat also

$$P : Q = b : b'.$$

Für die Parallelepipeden Q und P' betrachte man die Seitenflächen über b' als Grundebenen, und man hat ebenso

$$Q : P' = a : a'.$$

Das Product beider Proportionen liefert

$$P : P' = ab : a'b'$$

und das ist der Satz.

§. 109. Lehrsatz.

Normale Parallelepipeden, deren Grundebenen Rechtecke sind, verhalten sich wie die Producte aus Grundebene in Höhe.

Beweis. Die Parallelepipeden seien P und P', ihre Grundebenen g und g', und die Höhen h und h'. Man denke ein drittes normales Parallelepipedum Q von der Grundebene g und der Höhe h'. Nach §. 107 verhält sich dann

$$P : Q = h : h'$$

und nach dem vorigen Paragraph

$$Q : P' = g : g'.$$

Das Product beider Proportionen liefert

$$P : P' = gh : g'h'$$

und das ist der Satz.

§. 110.

Als Einheit für Körper gebraucht man den Würfel, dessen Kante die Längeneinheit ist. Unter dem Inhalt eines Körpers wird die Zahl verstanden, welche bestimmt, wie viel solcher Würfel der Körper enthält. Ist eine bestimmte Einheit gegeben, so wird sie sofort dem Inhalt beigefügt; so sagt man: der Inhalt eines Körpers sei 100 Kubikfuß.

§. 111. Lehrsatz.

Der Inhalt eines Prismas ist das Product aus Grundebene in Höhe.

Beweis. 1) Man stelle sich ein normales Parallelepipedum P vor, dessen Grundebene ein Rechteck ist. Die Höhe des Parallelepipedums sei h, der Inhalt der Grundebene, bezogen auf das Quadrat, welches die Längeneinheit der Höhe zur Seite hat, sei g. Man denke ferner einen Würfel Q, dessen Kante jene Längeneinheit ist. Nach §. 109 verhält sich

$$P : Q = gh : 1,$$

daher ist

$$P = gh \,.\, Q.$$

2) Man stelle sich ein beliebiges Parallelepipedum vor,

dessen Grundebene ein Rhomboid g und dessen Höhe h ist. Nach §. 106 kann dasselbe in ein normales Parallelepipedum, dessen Grundebene ein Rechteck ist, verwandelt werden, und welches mit ihm gleiche Grundebene hat und gleiche Höhe. Der Inhalt des letztern ist nach 1) gleich gh, daher ist auch der Inhalt des erstern gleich gh, d. h. gleich dem Product aus Grundebene in Höhe.

3) Man denke ein dreiseitiges Prisma; seine Grundebene sei g, seine Höhe h. Das dreiseitige Prisma kann als die Hälfte eines Parallelepipedums betrachtet werden von der Grundebene $2g$ und der Höhe h. Der Inhalt des Parallelepipedums ist $2gh$, daher der des dreiseitigen Prismas gh, d. h. gleich dem Product aus seiner Grundfläche in seine Höhe.

4) Man denke endlich ein beliebiges Prisma. Seine Grundebene sei g, seine Höhe h. Dasselbe kann immer in dreiseitige Prismen zerlegt werden, deren Grundebenen $g', g'', g'''\ldots$ sein mögen, und welche h zur Höhe haben. Die Summe der Inhalte der dreiseitigen Prismen ist

$$(g' + g'' + g''' + \cdots)\, h = gh,$$

daher ist auch der Inhalt des ursprünglichen beliebigen Prismas gleich gh, d. h. gleich dem Product aus seiner Grundfläche in seine Höhe.

Damit ist der Satz erwiesen.

§. 112.

Der Inhalt eines Würfels, dessen Seite a ist, ist demnach a^3. Und sind a, b, c die Kanten eines normalen Parallelepipedums, dessen Grundebenen Rechtecke sind, so ist der Inhalt des Parallelepipedums abc.

§. 113. Lehrsätze.

1) Prismen verhalten sich wie die Producte aus Grundebene in Höhe (sind also gleich, wenn sie gleiche Grundebenen haben und gleiche Höhen).

2) Prismen von gleichen Grundebenen verhalten sich wie ihre Höhen.

3) Prismen von gleichen Höhen verhalten sich wie ihre Grundebenen.

Beweis. Man denke ein Prisma P von der Grundebene g und Höhe h, ein zweites P' von der Grundebene g' und Höhe h', und es verhält sich nach §. 111

$$P : P' = gh : g'h'.$$

Das ist das erste Gesetz. Die anderen folgen hieraus, indem man $g = g'$ oder $h = h'$ setzt.

§. 114.

Die Oberfläche des Prismas ergiebt sich in der Summe

der Inhalte der Grund- und Seitenebenen, welche nach bekannten Lehren der ebenen Geometrie sich bestimmen.

II. Vom Cylinder.

§. 115.

Man stelle sich einen Kreis vor, und eine gerade Linie, welche mit der Peripherie des Kreises einen Punkt gemeinschaftlich hat, und nicht mit dem Kreise in einer Ebene liegt. Die gerade Linie führe man, parallel mit ihrer ersten Lage, längs der Peripherie des Kreises, bis sie die ganze Peripherie durchlaufen ist. Die gerade Linie beschreibt dabei eine krumme Fläche. Diese krumme Fläche heißt eine cylindrische Fläche, und der Raum, welchen sie umschließt, ein cylindrischer Raum.

Aus der Entstehung der cylindrischen Fläche erhellet, daß sich in ihr unendlich viele gerade Linien ziehen lassen, welche parallel sind mit der geraden Linie, die die Fläche erzeugte. Jede solche gerade Linie heißt eine Seite der cylindrischen Fläche.

§. 116. Lehrsatz.

Schneidet man eine cylindrische Fläche durch eine Ebene, welche mit der Kreisebene parallel ist, so ist die Durchschnittsfigur ein Kreis, und dieser ist congruent mit dem ersten.

Beweis. Durch den Mittelpunkt M der Kreisebene denke man eine gerade Linie, welche mit den Seiten der cylindrischen Fläche parallel ist. Den Punkt, in welchem diese Linie die Durchschnittsfigur schneidet, bezeichne M′. Man nehme ferner zwei Seiten der cylindrischen Fläche an, AA′ und BB′, und denke eine Ebene durch MM′ und AA′, und eine zweite Ebene durch MM′ und BB′. Die Linien, in welchen die Kreisebene von diesen Ebenen geschnitten wird, seien MA und MB, die, in welchen die Durchschnittsfigur geschnitten wird, M′A′ und M′B′. Die Vierecke MM′A′A und MM′B′B sind Parallelogramme, denn die Linie MM′ ist parallel mit den Seiten der cylindrischen Fläche, und die Linien MA und M′A′ sowohl, als die Linien MB und M′B′ sind parallel nach §. 22. Die Linien MA und M′A′ sind einander gleich, eben so die Linien MB und M′B′, als gegenüberstehende Seiten von Parallelogrammen; da aber die Linien MA und MB gleich sind, so sind es auch die Linien M′A′ und M′B′; und daraus erhellet, daß die Durchschnittsfigur ein Kreis ist, welcher sich mit dem ersten Kreise deckt.

§. 117.

Man stelle sich einen cylindrischen Raum vor, und schneide ihn durch eine Ebene, welche mit der Kreisebene parallel ist. Zwischen den beiden Kreisebenen erhält man einen überall begränzten Körper: dieser heißt ein Cylinder. Die beiden Kreise, welche den Cylinder begränzen, werden seine Grundebenen genannt, die den Cylinder begränzende krumme Fläche heißt sein Mantel. Die gerade Linie, welche die Mittelpunkte der Grundebenen verbindet, heißt die Achse, der normale Abstand der Grundebenen die Höhe des Cylinders. Die Achse ist jedesmal mit den Seiten des Cylinders parallel. Ein Cylinder heißt normal, wenn die Achse normal auf den Grundebenen steht, schief, wenn dies nicht der Fall ist.

§. 118. Lehrsatz.

Der Inhalt eines Cylinders ist das Product aus der Grundebene in die Höhe.

Beweis. In dem Kreise, welcher die Grundebene des Cylinders bildet, denke man ein reguläres Vieleck, und betrachte dies als die Grundebene eines Prismas, welches die Höhe des Cylinders hat, und so geneigt ist, daß eine Seitenkante in den Mantel des Cylinders fällt. Es befinden sich alsdann sämmtliche Seitenkanten des Prismas in dem Mantel des Cylinders. Dies Prisma lasse man in ein anderes übergehen, welches in gleicher Weise in dem Cylinder liegt, und dessen Grundebene ein reguläres Vieleck von doppelt so vielen Seiten als die des ersten ist. Eben so gehe das zweite Prisma in ein drittes über u. s. f., u. s. f. Es entsteht eine Reihe von Prismen, deren Gränze der Cylinder ist, und mit welchem das letzte Prisma zusammenfällt. Der Inhalt eines jeden der Prismen ist das Product aus der Grundebene in die Höhe, folglich ist auch der Inhalt des Cylinders das Product aus der Grundebene in die Höhe.

Uebrigens kann leicht indirect der Satz erwiesen werden. Es sei g der Inhalt der Grundebene, h die Höhe des Cylinders, sein Inhalt k. Wollte man annehmen, es sei

$$k < gh,$$

so könnte $k = g'h$ sein, unter g' eine Zahl verstanden, welche kleiner ist als g. In dem Kreise g ist dann ein neck denkbar von dem Inhalte g'. Dies betrachte man als Grundebene eines Prismas von der Höhe h, welches in dem Cylinder liegt. Der Inhalt des Prismas ist $g'h$, und da das Prisma kleiner ist als der Cylinder, so kann der Inhalt des Cylinders nicht auch $g'h$ sein, überhaupt nicht kleiner als gh. Aehnlich im anderen Fall vermittelst eines um den Cylinder liegenden Prismas.

§. 119.

Ist daher r der Radius der Grundebene eines Cylinders und h seine Höhe, so ist der Inhalt des Cylinders gleich $\pi r^2 h$.

§. 120. Lehrsätze.

1) Cylinder verhalten sich wie die Producte aus den Grundebenen in die Höhen.

2) Cylinder von gleichen Grundebenen verhalten sich wie ihre Höhen.

3) Cylinder von gleichen Höhen verhalten sich wie ihre Grundebenen.

Beweise folgen leicht aus dem vorigen Paragraph.

§. 121.

Man stelle sich einen beliebigen Cylinder vor, und drei unmittelbar auf einander folgende Seiten AB, A′B′, A″B″ desselben. Die Seiten sind parallel. Durch die mittlere Seite A′B′ und durch AB denke man eine Ebene, durch die Seiten A′B′ und A″B″ eine zweite Ebene. Die eine dieser Ebenen drehe man um die mittlere Seite A′B′, bis sie mit der anderen Ebene zusammenfällt, und dergestalt, daß die Seiten AB und A″B″ zu verschiedenen Seiten von A′B′ gerathen. Hierdurch ändern die Seiten A′B′ und AB ihre gegenseitige Lage nicht, eben so wenig die Seiten A′B′ und A″B″; und es ist einleuchtend, daß der ganze Mantel des Cylinders sich in eine Ebene biegen läßt, ohne eine Aenderung seines Inhalts zu erfahren.

Flächen, welche eine solche Operation zulassen, nennt man abwickelbar.

§. 122. Lehrsatz.

Der Mantel eines normalen Cylinders ist gleich dem Product aus der Peripherie der Grundebene in die Höhe.

Beweis. Man denke den Mantel des normalen Cylinders abgewickelt. Er bildet alsdann ein Rechteck, dessen eine Seite die Höhe des Cylinders, und dessen andere Seite die Peripherie der Grundebene ist. Daraus erhellet der Satz.

Der Mantel des schiefen Cylinders bildet, abgewickelt nicht eine Figur, deren Inhalt sich hier angeben ließe.

§. 123.

Ist daher der Radius der Grundebene eines normalen Cylinders r und die Höhe h, so drückt sich der Mantel aus durch

$$2\pi r h$$

und die gesammte Oberfläche des Cylinders durch

$$2\pi r h + 2\pi r^2,$$

welches einerlei ist mit

$$2\pi r(h+r).$$

§. 124.

Der Begriff des Cylinders kann dahin erweitert werden, daß die Grundebene eine Figur sei, welche von irgend einer krummen Linie, oder von beliebigen krummen und geraden Linien begränzt ist. Und immer ist der Inhalt des Cylinders gleich dem Product aus der Grundebene in die Höhe, und der Mantel des normalen Cylinders das Product aus dem Umfang der Grundebene in die Höhe.

§. 125. Lehrsatz.

Man stelle sich einen Körper von beliebiger Begränzung vor. Der Körper werde geschnitten durch eine Reihe von parallelen Ebenen. Der Abstand h je zweier auf einander folgenden Ebenen sei der kleinste, welcher gedacht werden kann. A_1, A_2, A_3 ..... A_{z-1}, A_z seien die Inhalte der Durchschnittsfiguren in den auf einander folgenden Ebenen. Der Inhalt von dem Theil des Körpers, welcher Fig. 7 zwischen den Ebenen A_1 und A_z sich befindet, drückt sich aus durch jede der beiden Summen

$$A_1h+A_2h+A_3h+\cdots+A_{z-1}h$$
$$A_2h+A_3h+\cdots+A_zh.$$

Beweis. 1) Irgend zwei auf einander folgende Ebenen seien A_n und A_{n+1}. Ist der Abstand h derselben der kleinste, welcher gedacht werden kann, so ist der zwischen diesen beiden Ebenen befindliche Körpertheil entweder cylindrisch (prismatisch), oder es nimmt der Köpertheil von der einen der Ebenen zur anderen hin bloß zu, oder bloß ab. Wollte man nämlich annehmen, es fände Zunahme und Abnahme Statt, so müßten sich in dem Abstand h zwei Theile unterscheiden lassen, der eine zur Zunahme, der andere zur Abnahme gehörig, und dann würde h nicht der kleinste denkbare Abstand sein.

2) Ist der Körpertheil zwischen den Ebenen A_n und A_{n+1} cylindrisch, so sind die Ebenen A_n und A_{n+1} congruent, und der Inhalt des Körpertheils drückt sich aus durch A_nh oder durch $A_{n+1}h$. Schreitet der Körpertheil von der einen der gedachten beiden Ebenen zur anderen zunehmend fort, oder abnehmend, so sind die Ebenen A_n und A_{n+1} ungleich. In diesem Falle denke man über der größeren (nach §. 124) einen Cylinder BCDE von der Höhe h, welcher den Körpertheil umschließt, über der kleineren einen Cylinder FGHL von der Höhe h, welcher von dem Körpertheil umschlossen wird. Die Inhalte der Cylinder sind A_nh und $A_{n+1}h$, demnach ist der

eine von diesen Ausdrücken größer als der Inhalt des Körpertheils, der andere kleiner.

3) Wir ziehen jetzt die Summen

$$A_1 h + A_2 h + A_3 h + \cdots + A_{z-1} h$$

und

$$A_2 h + A_3 h + \cdots \quad + A_z h$$

in Betracht, und den Inhalt Q des Körpers, welcher zwischen der ersten Ebene A_1 und der letzten A_z liegt, und setzen vorläufig noch besonders voraus, der Körper sei zwischen diesen Ebenen cylindrisch (prismatisch), oder er nehme von der Ebene A_1 bis zur Ebene A_z hin bloß zu, oder bloß ab.

Ist der Körper cylindrisch, so fällt in die Augen, daß jede der Summen den Inhalt Q ausdrückt. Schreitet der Körper von der Ebene A_1 nach der Ebene A_z bloß zunehmend fort, oder bloß abnehmend, so ist die eine Summe größer, die andere kleiner als Q. Der Inhalt Q befindet sich alsdann zwischen beiden Summen, und der Unterschied zwischen Q und jeder einzelnen der Summen ist kleiner als der Unterschied der Summen.

Die Differenz der Summen ist

$$\pm (A_z - A_1) h.$$

Wegen des unendlich kleinen Faktors h ist diese Differenz unendlich klein, und da Q sich um weniger als diese Differenz von jeder der Summen unterscheidet, so ist der Unterschied zwischen Q und einer der Summen durch endliche Zahlen nicht ausdrückbar, und fällt außer Betracht.

Der Satz gilt demnach, wenn der Körper zwischen A_1 und A_z cylindrisch ist, oder bloß zunehmend, oder bloß abnehmend von der einen dieser Ebenen zur anderen fortschreitet.

4) Schreitet der Körper von der einen der Ebenen A_1 und A_z zur anderen beliebig fort, bald zunehmend, bald abnehmend u. s. w., so kann er durch Ebenen, welche mit jenen parallel sind, in Theile zerlegt werden, in denen bloß Zunahme, oder bloß Abnahme u. s. w. Statt findet, und nach 3) gilt das Gesetz für diese Theile, mithin gilt es auch für den Körper selbst.

Bemerkung. Der hier geführte Beweis ermangelt der Allgemeinheit. Er paßt nur, wenn die in 2) herangezogenen Cylinder dergestalt möglich sind, daß der eine von dem Körpertheil umschlossen wird, der andere den Körpertheil umschließt. Die Körper, welche im vorliegenden Buche in Betracht kommen, werden augenfällig solche Beschaffenheit haben, und deshalb entspricht der Beweis unserm nächsten Zweck. In der höheren Geometrie findet das Gesetz seine vollständige Darlegung.

Wir stellen anheim, den Nummern 1) und 2) folgende Fassung zu geben:

1) Irgend zwei auf einander folgende Ebenen seien A_n und A_{n+1}. Der zwischen ihnen befindliche Körpertheil schreitet von der einen zur anderen entweder ohne Zunahme oder Abnahme fort, oder es nimmt der

Körpertheil von der einen Ebene zur anderen hin bloß zu, oder bloß ab; weil der kleinste Abstand h nicht Zunahme und Abnahme gestattet. Beim Fortschritt ohne Zunahme oder Abnahme sind die Ebenen A_n und A_{n+1} congruent, und gleich gelegen, wie beim Cylinder, oder nicht.

2) Den zwischen den Ebenen A_n und A_{n+1} befindlichen Körpertheil bezeichne K. Zwischen den Ebenen A_n und A_{n+1} denke man einen Cylinder C_n, welchem A_n zur Grundebene dient, und einen zweiten C_{n+1} über A_{n+1}. Der Körpertheil K hat mit dem Cyliuder C_n die Grundebene A_n gemeinschaftlich, mit dem anderen C_{n+1} die Grundebene A_{n+1}. Schreitet der Körpertheil K von der einen der Ebenen A_n und A_{n+1} bis zur anderen ohne Zunahme oder Abnahme fort, so muß er gleich sein jedem der gleichen Cylinder C_n oder C_{n+1}, deren Fortschritt ohne Zunahme oder Abnahme erfolgt. Schreitet K von A_n bis A_{n+1} zunehmend fort, so ist K größer als der Cylinder C_n, welcher nicht zunimmt; zugleich geht dann K von A_{n+1} bis A_n abnehmend fort, und ist kleiner als der Cylinder C_{n+1}, welcher bei diesem Fortschritt nicht abnimmt; es ist also $C_n < K < C_{n+1}$.

Schreitet K von A_n bis A_{n+1} abnehmend fort, so erhellet in gleicher Weise $C_n > K > C_{n+1}$.

Die Inhalte der Cylinder sind $A_n h$ und $A_{n+1} h$. Demnach ist entweder $A_n h = K = A_{n+1} h$

oder $A_n h \lesseqgtr K \lesseqgtr A_{n+1} h$.

§. 126.

Man stelle sich Fig. 7 und 8 irgend zwei Körper vor, und durchschneide sie durch eine Reihe von parallelen Ebenen. Der Abstand h je zweier auf einander folgenden Ebenen sei der kleinste, welcher gedacht werden kann. Sind die Durchschnittsfiguren $A_1, A_2, \cdots A_z$ der Ebenen mit dem einen Körper beziehlich gleich den Durchschnittsfiguren $B_1, B_2, \cdots B_z$ derselben Ebenen mit dem anderen Körper, so ist der Theil des einen Körpers, welcher zwischen den Ebenen A_1 und A_z liegt, gleich dem Theil des anderen zwischen B_1 und B_z.

Denn ist $A_1 = B_1, A_2 = B_2 \cdots A_z = B_z$, so ist

$$A_1 h + A_2 h + \cdots + A_{z-1} h = B_1 h + B_2 h + \cdots + B_{z-1} h$$

und es erhellet der Satz aus dem vorigen Paragraphen.

III. Von der Pyramide.

§. 127.

Man stelle sich eine körperliche Ecke vor, und schneide sie durch eine Ebene, welche alle Kanten derselben trifft. Von der körperlichen Ecke wird dabei ein überall begränzter Körper abgesondert: dieser heißt eine **Pyramide**. Eine Pyramide heißt **nseitig**, wenn die körperliche Ecke, aus der sie erhalten worden, nseitig war. Eine nseitige Pyramide ist durch ein neck, welches die Durchschnittsebene geliefert hat, und durch n Dreiecke begränzt. Das neck, welches die Durchschnittsebene geliefert hat, heißt die Grundebene der Pyramide, jedes von den Dreiecken wird eine Seitenebene genannt. Der Eckpunkt der körperlichen Ecke heißt die Spitze der Pyramide, der normale Abstand der Spitze von der Grundebene die Höhe. Jede Kante, in welcher sich die Grundebene und eine Seitenebene schneiden, heißt eine Grundkante, jede Kante, in welcher sich zwei Seitenebenen schneiden, eine Seitenkante.

§. 128. Lehrsätze.

1) Liegt die Grundebene einer Pyramide in einem Kreise, und trifft die Höhe der Pyramide den Mittelpunkt dieses Kreises, so sind alle Seitenkanten der Pyramide einander gleich.

Die Grundebene der Pyramide sei ABCD ...., der Mittelpunkt des Kreises, in welchem die Grundebene liegt, sei M, die Spitze der Pyramide bezeichne P. Die Höhe der Pyramide ist alsdann PM, die Seitenkanten sind PA, PB, PC, PD,..... Der Behauptung gemäß sind diese einander gleich. — Man denke die Linien MA, MB, MC, MD,....; dadurch entstehen die Dreiecke PMA, PMB, PMC, PMD,..... Alle diese Dreiecke sind bei M rechtwinklig, da PM normal steht auf der Grundebene; sie sind ferner congruent, weil sie die Katheten gleich haben, nämlich PM gemeinschaftlich, und die anderen Katheten gleich, als Radien des Kreises. Aus der Congruenz der Dreiecke folgt die Gleichheit der Hypotenusen, und diese sind die Seitenkanten.

2) Sind alle Seitenkanten einer Pyramide einander gleich, so liegt die Grundebene in einem Kreise, und die Höhe der Pyramide trifft den Mittelpunkt des Kreises.

Die Grundebene sei ABCD,.... die Spitze P, die Höhe PM. Die Seitenkanten sind alsdann PA, PB, PC, PD,..... Unter der Voraussetzung, daß diese Seitenkanten gleich sind, wird behauptet, die Grundebene ABCD.... liege in einem Kreise, und der Punkt M sei dessen Mittelpunkt. — Man ziehe die Linien MA, MB, MC, MD,..... Dadurch ergeben sich die Dreiecke PMA, PMB, PMC, PMD,.... Alle diese Dreiecke sind bei M rechtwinklig, sie haben die Hypotenusen gleich, die eine Kathete PM gemeinschaftlich, und folglich sind sie congruent. Aus der Congruenz der Dreiecke erhellet, daß die Linien MA, MB, MC, MD,.... einander gleich sind, und dann liegt die Grundebene ABCD.... in einem Kreise, und der Punkt M, in welchem die Höhe die Grundebene trifft, ist der Mittelpunkt.

§. 129.

Eine Pyramide, deren sämmtliche Seitenkanten einander gleich sind, heißt eine gleichseitige Pyramide; eine gleichseitige Pyramide heißt **gleichförmig**, wenn ihre Grundebene ein reguläres $n$eck ist.

§. 130. Lehrsatz.

Wenn eine körperliche Ecke durch parallele Ebenen geschnitten wird, so sind die Durchschnittsfiguren ähnlich, und verhalten sich wie die Quadrate ihrer normalen Abstände von dem Eckpunkte.

Beweis. Man stelle sich eine körperliche Ecke vor, und durchschneide sie durch zwei parallele Ebenen. Die beiden Durchschnittsfiguren seien $ABCD\cdots$ und $A'B'C'D'\cdots$. Der Eckpunkt sei P. Um zunächst zu zeigen, daß die Durchschnittsfiguren ähnlich sind, thue man dar, daß sie alle Winkel beziehlich gleich haben, und daß die Seiten der einen sich verhalten wie die Seiten der anderen. —

Da zwei parallele Ebenen von einer dritten Ebene in parallelen Linien geschnitten werden, so erhellet, daß die Linien AB und $A'B'$ parallel sind, eben so die Linien BC und $B'C'$, CD und $C'D'$ u. s. w. Nach §. 25 ist daher der Winkel ABC gleich dem Winkel $A'B'C'$, der Winkel BCD gleich dem Winkel $B'C'D'$ u. s. f., d. h. die Durchschnittsfiguren haben alle Winkel beziehlich gleich. Es verhält sich nun

$$AB:A'B' = PA:PA'$$
$$BC:B'C' = PB:PB'$$
$$CD:C'D' = PC:PC'$$

u. s. w.;

dabei ist nach §. 63, wenn man durch P eine Ebene denkt, parallel mit den Durchschnittsebenen,

$$PA:PA' = PB:PB' = PC:PC' = \cdots$$

also verhält sich

$$AB:AB' = BC:BC' = CD:CD' = \cdots$$

und darin liegt, daß die Seiten der einen Durchschnittsfigur sich verhalten, wie die Seiten der anderen. Die Durchschnittsfiguren sind demnach ähnlich.

Es ist zweitens zu zeigen, daß die Durchschnittsfiguren sich verhalten, wie die Quadrate ihrer Entfernungen vom Eckpunkte. — Man fälle aus dem Eckpunkte P eine Normale auf die eine Durchschnittsebene, und verlängere sie bis zum Durchschnitt mit der anderen. Die Normale steht auf beiden Durchschnittsebenen normal. Die Punkte, in welchen die Normale die Durchschnittsebenen trifft, seien M und M'. Die Durchschnittsfiguren verhalten sich, weil sie ähnlich sind, wie die Quadrate gleichliegender Seiten, also etwa wie $AB^2:A'B'^2$. Es verhält sich aber

$$AB:A'B' = PA:PA'$$
und
$$PA:PA' = PM:PM'.$$
Deshalb verhalten sich die Durchschnittsfiguren wie $PM^2:PM'^2$.

§. 131. Lehrsatz.

Pyramiden, welche gleiche Grundebenen und gleiche Höhen haben, sind einander gleich.

Beweis. Man stelle sich zwei Pyramiden vor, von gleichen Grundebenen und gleichen Höhen. Die Grundebene einer jeden sei g, die Höhe einer jeden sei h. Die Pyramiden denke man mit den Grundebenen auf eine Ebene gestellt, und durchschneide beide Pyramiden durch eine Ebene E, welche mit jener Ebene parallel ist. Die Durchschnittsfiguren seien Q und Q'. Die Entfernung der einen Durchschnittsfigur von der Spitze der Pyramide, in welcher die Durchschnittsfigur sich befindet, ist gleich der Entfernung der anderen Durchschnittsfigur von der Spitze ihrer Pyramide. Jede dieser Entfernungen sei x. Nach dem vorigen Paragraph verhält sich bei der einen Pyramide
$$g:Q = h^2:x^2$$
und bei der anderen
$$g:Q' = h^2:x^2.$$
Hieraus erhellet, daß die beiden Durchschnittsfiguren Q und Q' gleich sind. Dasselbe gilt für die Durchschnittsfiguren einer jeden Durchschnittsebene E. Deshalb folgt nach §. 126 der Satz.

§. 132. Lehrsatz.

Der Inhalt einer Pyramide ist der dritte Theil des Productes aus der Grundebene in die Höhe.

Beweis. Der Satz wird zuvörderst für die dreiseitige Pyramide bewiesen, und dann auf Pyramiden mit beliebig vielen Seiten ausgedehnt.

Bei der dreiseitigen Pyramide DNQC, Fig. 9, betrachte man das Dreieck DNQ, dessen Inhalt g sein mag, als Grundebene; die Höhe sei h. Die dreiseitige Pyramide ergänze man zu dem dreiseitigen Prisma ABCDNQ, welches mit der dreiseitigen Pyramide dieselbe Grundebene g und dieselbe Höhe h hat. In dem Prisma denke man die Ebenen CDN und CAN. Die Ebenen zerlegen das Prisma in drei dreiseitige Pyramiden, von welchen die ursprüngliche DNQC die eine ist; und diese drei dreiseitigen Pyramiden sind einander gleich. Es sind nämlich die beiden dreiseitigen Pyramiden ANDC und ANBC einander gleich, weil sie gleiche Grundebenen und gleiche Höhen haben, sobald man die Dreiecke AND und ANB als ihre Grundebenen betrachtet; und die beiden Pyramiden ANDC und DNQC sind gleich, weil sie ebenfalls gleiche Grundebenen und gleiche Höhen haben, wenn die Dreiecke ACD und DCQ als Grundebenen genommen werden. Jede der dreiseitigen Pyramiden ist daher der dritte Theil von dem dreiseitigen Prisma. Der Inhalt des Prismas ist gh, also der Inhalt der ursprünglichen dreiseitigen Pyramide DNQC gleich $\frac{gh}{3}$, und das ist der dritte Theil des Productes aus der Grundebene in die Höhe.

Eine nseitige Pyramide (n größer als 3 angenommen) kann immer in irgend eine Anzahl dreiseitiger Pyramiden zerlegt werden, deren Grundebenen in der Grundebene der nseitigen Pyramide liegen, und die mit der nseitigen Pyramide die Höhe gemeinschaftlich haben. Der Inhalt der nseitigen Pyramide ergiebt sich in der Summe der Inhalte der dreiseitigen Pyramiden. Die Summe der Inhalte der dreiseitigen Pyramiden ist der dritte Theil des Productes aus der Summe ihrer Grundebenen in die gemeinschaftliche Höhe. Die Summe der Grundebenen der dreiseitigen Pyramiden ist aber die Grundebene der nseitigen Pyramide, und die gemeinschaftliche Höhe der ersteren ist die Höhe der letzteren. Daraus erhellet, daß der Inhalt einer jeden Pyramide gleich ist dem dritten Theil des Products aus der Grundebene in die Höhe.

§. 133. Lehrsätze.

1) Pyramiden von gleichen Grundebenen verhalten sich wie ihre Höhen.

2) Pyramiden von gleichen Höhen verhalten sich wie ihre Grundebenen.

3) Pyramiden verhalten sich wie die Producte aus den Grundebenen in die Höhen.

Denn hat eine Pyramide P die Grundebene g und die Höhe h, und eine Pyramide P′ ebenfalls die Grundebene g, aber die Höhe h′, so verhält sich

$$P:P' = \frac{gh}{3}:\frac{gh'}{3}$$

oder $P:P' = h:h'$.

Das ist der erste Satz. Eben so ergeben sich die beiden anderen Sätze.

§. 134.

Man stelle sich irgend eine Pyramide vor, und schneide dieselbe durch eine Ebene, welche mit der Grundebene parallel ist. Die Pyramide wird dadurch in zwei Theile getheilt. Der Theil, welcher zwischen den beiden parallelen Ebenen liegt, heißt eine abgekürzte Pyramide, der andere Theil die

Ergänzungspyramide. Eine nseitige abgekürzte Pyramide ist von zwei ähnlichen necken begränzt, deren Ebenen und gleichliegende Seiten parallel sind, und von n Trapezen. Die beiden ähnlichen necke werden die Grundebenen der abgekürzten Pyramide genannt, der normale Abstand der Grundebenen heißt die Höhe.

§. 135.

Es giebt Körper, welche abgekürzten Pyramiden ähnlich sehen, ohne solche zu sein. Ein Körper der Art ist nur dann eine abgekürzte Pyramide, wenn seine parallelen Begränzungsflächen ähnliche Figuren sind, und ihre gleichliegenden Seiten parallel laufen. Es läßt sich nämlich darthun, daß sich alsdann sämmtliche Seitenkanten des Körpers in einem Punkte schneiden, so daß es eine Pyramide giebt, aus welcher jener Körper erhalten werden kann dadurch, daß sie durch eine Ebene geschnitten wird, welche mit der Grundebene parallel ist.

Man stelle sich einen Körper vor, welcher begränzt ist durch zwei ähnliche necke, deren Ebenen und deren gleichliegende Seiten parallel sind, und durch n Trapeze, deren jedes zu parallelen Seiten zwei gleichliegende Seiten der necke hat. Dieser Körper ist eine abgekürzte Pyramide. — Die parallelen ähnlichen necke seien ABCD.... und A'B'C'D'..... Die beiden Seitenkanten AA' und BB' schneiden sich; der Durchschnittspunkt sei P. Es verhält sich

$$BP:B'P = AB:A'B'$$
$$AB:A'B' = BC:B'C'$$
also $$BP:B'P = BC:B'C'$$

und wegen dieser Proportion geht die Seitenkante CC', verlängert, durch den Punkt P. Eben so läßt sich von jeder folgenden Seitenkante zeigen, daß sie durch den Punkt P geht, also schneiden sich alle Seitenkanten in demselben Punkt.

§. 136. Aufgabe.

Den Inhalt einer abgekürzten Pyramide zu finden, wenn die beiden Grundebenen a und b, und die Höhe h der abgekürzten Pyramide gegeben sind.

Auflösung. Der Inhalt der abgekürzten Pyramide ergiebt sich in der Differenz zwischen dem Inhalt der vollständigen Pyramide und dem Inhalt der Ergänzungspyramide. Die unbekannte Höhe der Ergänzungspyramide bezeichne x. Die Höhe der vollständigen Pyramide ist alsdann $h + x$. Der Inhalt der vollständigen Pyramide ist, wenn wir a als die größere Grundebene ansehen, gleich $\frac{a(h+x)}{3}$, der Inhalt der

Ergänzungspyramide $\frac{bx}{3}$, der Inhalt der abgekürzten Pyramide daher

$$\frac{a(h+x)}{3} - \frac{bx}{3}$$

oder $\frac{1}{3}[ah+(a-b)x]$.

Für x bietet sich nach §. 121 die Gleichung dar

$$a:b=(h+x)^2:x^2;$$

aus ihr folgt

$$\sqrt{a}:\sqrt{b}=h+x:x$$

$$\sqrt{a}-\sqrt{b}:\sqrt{b}=h:x$$

$$x=\frac{h\sqrt{b}}{\sqrt{a}-\sqrt{b}}$$

oder

$$x=\frac{h(\sqrt{ab}+b)}{a-b}.$$

Diesen Werth von x substituiren wir oben; das liefert für den Inhalt der abgekürzten Pyramide

$$\frac{h}{3}(a+\sqrt{ab}+b).$$

§. 137.

Zur Berechnung der Oberfläche einer Pyramide, oder einer abgekürzten Pyramide, bedarf es keiner Anleitung.

IV. Von den schief abgeschnittenen Prismen und einigen anderen Körpern.

§. 138.

Man stelle sich ein Prisma vor, und schneide es durch eine Ebene, welche alle Seitenkanten schneidet, und nicht mit den Grundebenen parallel ist. Das Prisma wird durch diese Ebene in zwei Körper getheilt: und jeder derselben heißt ein schief abgeschnittenes Prisma.

§. 139. Aufgabe.

Von einem schief abgeschnittenen dreiseitigen Prisma sind die drei Seitenkanten a, b, c gegeben, und der Inhalt f der auf den Seitenkanten normal stehenden Durchschnittsebene; man soll den Inhalt des schief abgeschnittenen dreiseitigen Prismas berechnen.

Auflösung. Es stelle Fig. 10 das schief abgeschnittene dreiseitige Prisma vor. Das Dreieck IKL sei die auf den Seitenkanten a, b, c normal stehende Durchschnittsebene; sein

Inhalt ist also f. Die Höhe des Dreiecks, welche zur Seite KL gehört, sei durch h bezeichnet. Man lege eine Ebene durch die Punkte H, K, L, und eine zweite Ebene durch die Punkte M, K, L. Diese Ebenen und die Ebene IKL zerlegen das schief abgeschnittene dreiseitige Prisma in zwei vierseitige Pyramiden und in zwei dreiseitige. Jede der vierseitigen Pyramiden hat die Höhe h. Der Inhalt beider vierseitigen Pyramiden wird daher erhalten in dem dritten Theil des Products aus der Summe ihrer Grundebenen in ihre gemeinschaftliche Höhe h. Die Summe der Grundebenen ist das Trapez DPQG. Daher ist die Summe der Inhalte der beiden vierseitigen Pyramiden gleich

$$\frac{(a+b)\cdot KL}{2}\cdot\frac{h}{3}$$

oder, da $\frac{KL\cdot h}{2}$ der Inhalt f der auf den Seitenkanten normal stehenden Durchschnittsebenen ist, gleich

$$\frac{(a+b)f}{3}.$$

Bei jeder von diesen dreiseitigen Pyramiden betrachte man IKL als Grundebene. Die Summe der Inhalte der beiden dreiseitigen Pyramiden wird alsdann erhalten in dem dritten Theil des Products aus der gemeinschaftlichen Grundebene f in die Summe der Höhen, welche c ausmacht. Der Inhalt beider dreiseitigen Pyramiden ist demnach

$$\frac{cf}{3}.$$

Dies addire man zu dem Oberen. Dadurch ergiebt sich der Inhalt des schief abgeschnittenen dreiseitigen Prismas gleich

$$\frac{(a+b+c)f}{3}.$$

Der hier gefundene Ausdruck ist um so mehr für den praktischen Gebrauch geeignet, als der Inhalt f der auf den sämmtlichen Seitenkanten normal stehenden Durchschnittsebene leicht aus den normalen Abständen der Seitenkanten von einander zu finden ist, während diese normalen Abstände sich unmittelbar messen lassen. Sind Fig. 10 die drei normalen Abstände der Seitenkanten von einander n, p, q, so sind die drei Seiten des Dreiecks IKL gleich n, p, q, und der Inhalt des schief abgeschnittenen dreiseitigen Prismas drückt sich aus durch

$$\frac{a+b+c}{12}\sqrt{(n+p+q)(n+p-q)(n-p+q)(-n+p+q)}.$$

§. 140.

Ein vier- oder mehrseitiges schief abgeschnittenes Prisma kann in dreiseitige schief abgeschnittene Prismen zerlegt werden. Daher kann man vermittelst des vorigen Paragraphen auch den Inhalt eines schief abgeschnittenen vier- oder mehrseitigen Prismas finden, wenn man nur im Stande ist, die Inhalte der Durchschnittsebenen anzugeben, welche auf den Seitenkanten der dreiseitigen schief abgeschnittenen Prismen normal stehen.

§. 141.

Man stelle sich eine Pyramide vor, und schneide sie durch eine Ebene, welche alle Seitenkanten trifft und nicht mit der Grundebene parallel ist. Die Ebene zerlegt die Pyramide in zwei Körper; der eine ist eine Pyramide, und heißt die Ergänzungspyramide des anderen Körpers, welcher eine schief abgeschnittene Pyramide genannt wird.

Der Inhalt einer schief abgeschnittenen Pyramide wird gefunden, indem man den Inhalt der vollständigen Pyramide und den der Ergänzungspyramide ermittelt, und den letzteren von dem ersteren subtrahirt.

§. 142.

Ein Körper, welcher von zwei nicht ähnlichen Rechtecken, deren Ebenen und deren Seiten beziehlich parallel sind, und außerdem von vier Trapezen begränzt ist, deren jedes zwei beziehlich parallele Seiten der Rechtecke zu parallelen Seiten hat, heißt ein Obelisk. Die Rechtecke werden die Grundebenen genannt, der normale Abstand der Grundebenen heißt die Höhe des Obelisk.

Der Obelisk hat mit der abgekürzten Pyramide Aehnlichkeit, ohne eine solche zu sein.

§. 143. Aufgabe.

Den Inhalt eines Obelisk zu finden, wenn die Abmessungen der Grundebenen und die Höhe gegeben sind.

Auflösung. Es stelle Fig. 11 einen Obelisk vor. Die zusammenstoßenden Seiten des oberen Rechtecks seien gleich a und b, die des unteren gleich c und d, die Höhe gleich h gegeben. — Die Kanten IG und KM sind parallel, eben so die Kanten LQ und KM, daher ist auch IG parallel mit LQ. Durch die Kanten LQ und IG denke man eine Ebene. Sie zerlegt den Obelisk in zwei schief abgeschnittene dreiseitige Prismen, deren Inhalte sich berechnen lassen. Betrachten wir das dreiseitige schief abgeschnittene Prisma, dessen Seitenkanten LQ, KM und IG sind: Die Maaße der Seitenkanten sind beziehlich b, b und d, der Inhalt des auf diesen normal stehenden Durchschnitts ist $\frac{ah}{2}$, also der Inhalt des schief abgeschnittenen dreiseitigen Prismas selbst

$$\frac{(2b+d)ah}{6}.$$

Das andere schief abgeschnittene dreiseitige Prisma hat die Seitenkanten IG, PV, LQ. Diese sind beziehlich d, d, b. Der Inhalt der auf den Seitenkanten normal stehenden Durchschnittsebene ist $\frac{ch}{2}$. Der Inhalt des schief abgeschnittenen dreiseitigen Prismas daher

$$\frac{(b+2d)ch}{6}.$$

Dieser Ausdruck werde zum oberen addirt, dadurch ergiebt sich der Inhalt des Obelisk gleich

$$\frac{[(2b+d)a+(b+2d)c]h}{6}.$$

V. Vom Kegel.

§. 144.

Man stelle sich einen Kreis vor, außerhalb der Ebene desselben einen Punkt, und eine gerade Linie, welche durch den Punkt geht, und gegen die Peripherie des Kreises gelehnt ist. Die gerade Linie führe man, während sie jenen Punkt nie verläßt, längs der Peripherie des Kreises, bis sie die Peripherie ganz durchlaufen ist. Die Linie beschreibt dabei eine krumme Fläche. Der Körper, welcher von dem Kreise, und von demjenigen Theil der krummen Fläche begränzt ist, der zwischen der Kreisebene und dem erwähnten Punkt liegt, heißt ein Kegel. Der Punkt heißt die Spitze des Kegels, die den Kegel begränzende krumme Fläche sein Mantel, der Kreis die Grundebene. Der normale Abstand der Spitze von der Grundebene wird die Höhe des Kegels genannt. Jede gerade Linie, welche die Spitze des Kegels mit irgend einem Punkt der Peripherie der Grundebene verbindet, fällt ganz in den Mantel, und wird eine Seite des Kegels genannt. Die gerade Linie, welche die Spitze mit dem Mittelpunkt der Grundebene verbindet, heißt die Achse des Kegels. Ein Kegel heißt normal, wenn die Achse normal auf der Grundebene steht, schief, wenn dies nicht der Fall ist. Alle Seiten eines normalen Kegels sind, wie leicht in die Augen fällt, einander gleich.

§. 145. Lehrsatz.

Wenn man einen Kegel durch eine Ebene schneidet, welche mit der Grundebene parallel ist, so ist die Durchschnittsfigur ein Kreis.

Beweis. Die Spitze des Kegels sei A, der Mittelpunkt der Grundebene sei M. Man denke die Achse AM des Kegels; den Punkt, in welchem sie die Durchschnittsebene trifft, bezeichne M'. In der Peripherie der Grundebene nehme man zwei Punkte B und C an, und denke die Seiten AB und AC; die Punkte, in welchen diese Seiten die Durchschnittsebene schneiden, seien beziehlich B' und C'. Man denke ferner eine Ebene durch AM und AB und eine zweite Ebene durch AM und AC. Diese Ebenen schneiden die Grundebene und die mit derselben parallele Durchschnittsebene in den Linien MB und MC, und M'B' und M'C'; und die Linien MB und M'B' sind parallel, eben so die Linien MC und M'C'. Es verhält sich daher

$$AM : AM' = MB : M'B'$$

und $$AM : AM' = MC : M'C'.$$

Die drei ersten Glieder der Proportionen sind beziehlich gleich; deshalb ist

$$M'B' = M'C'$$

und daraus erhellet, daß die Durchschnittsfigur ein Kreis ist.

§. 146. Zusatz.

Der Kreis, welcher die Grundebene des Kegels ausmacht, und der Kreis, welcher die Durchschnittsfigur der mit der Grundebene parallelen Durchschnittsebene bildet, verhalten sich zu einander wie die Quadrate ihrer normalen Abstände von der Spitze.

Denn sind die normalen Abstände der Grundebene und der Durchschnittsebene beziehlich AN und AN', so verhält sich

$$MB : M'B' = AM : AM' = AN : AN'$$

und da sich die Kreise verhalten wie die Quadrate ihrer Radien MB und M'B', so erhellet der Satz.

§. 147. Lehrsatz.

Ein Kegel und eine Pyramide sind einander gleich, wenn ihre Grundebenen gleich sind und ihre Höhen.

Beweis. Man denke beide Körper mit ihren Grundebenen auf einer Ebene stehend, und durchschneide beide durch eine Ebene, welche mit dieser Ebene parallel ist. Die Grundebene des Kegels sei g, die Höhe h, dann hat auch die Pyramide die Grundebene g, die Höhe h; der normale Abstand der Durchschnittsebene von der Spitze des Kegels sei x, dann ist auch die Entfernung der Durchschnittsebene von der Spitze der Pyramide x. Die Durchschnittsfigur in dem Kegel sei q, die in der Pyramide sei v. Es verhält sich bei dem Kegel

$$g : q = h^2 : x^2$$

und bei der Pyramide

$$g : v = h^2 : x^2.$$

Aus beiden Proportionen folgt, daß

$$q = v$$

ist. Eben so würde sich bei jeder anderen Durchschnittsebene ergeben, daß die Durchschnittsfigur des Kegels gleich sei der der Pyramide, und deshalb folgt die Behauptung nach §. 126.

§. 148. Lehrsatz.

Der Inhalt eines Kegels ist der dritte Theil des Products aus der Grundebene in die Höhe.

Beweis. Denn der Kegel ist gleich einer Pyramide, welche mit ihm gleiche Grundebene und gleiche Höhe hat, und der Inhalt der Pyramide ist der dritte Theil des Productes aus Grundebene und Höhe.

§. 149. Lehrsätze.

1) Kegel von gleichen Grundebenen verhalten sich wie ihre Höhen.

2) Kegel von gleichen Höhen verhalten sich wie ihre Grundebenen.

3) Kegel verhalten sich wie die Producte aus den Grundebenen in die Höhen.

Beweise folgen leicht aus dem vorigen Paragraph.

§. 150.

Man denke einen beliebigen Kegel. Seine Spitze sei S und drei unmittelbar auf einander folgende Seiten desselben seien SA, SB, SC. Durch SA und SB denke man eine Ebene, durch SC und SB gleichfalls. Die eine dieser Ebenen werde um SB gedreht, bis sie mit der anderen zusammenfällt, und dergestalt, daß die Seiten SA und SC zu verschiedenen Seiten von SB gerathen. Bei solcher Drehung bleibt das Dreieck ABS ungeändert, eben so das Dreieck CBS, und es erhellet, daß der Mantel des Kegels sich in eine Ebene biegen läßt, während sein Inhalt derselbe bleibt. Er kann also abgewickelt werden.

§. 151. Lehrsatz.

Der Mantel eines normalen Kegels ist gleich dem halben Product aus der Peripherie der Grundebene in die Seite des Kegels.

Beweis. Man denke den Mantel des normalen Kegels abgewickelt. Er bildet alsdann einen Kreisausschnitt, dessen Radius die Seite des Kegels und dessen Bogen gleich der Peripherie der Grundebene ist. Und der Inhalt dieses Kreisausschnittes ist das halbe Product aus dem Bogen in den Radius. Daraus erhellet der Satz.

Der Mantel des schiefen Kegels läßt sich hier nicht bestimmen.

Ist daher r der Radius der Grundebene eines normalen Kegels, und b die Seite desselben, so drückt sich der Inhalt des Mantels aus durch

$$\pi rb$$

und die gesammte Oberfläche des Kegels ist gleich

$$\pi r^2 + \pi rb,$$

welches einerlei ist mit

$$\pi r(b + r).$$

§. 152.

Man stelle sich einen Kegel vor, und schneide ihn durch eine Ebene, welche mit der Grundebene parallel ist. Die Ebene theilt den Kegel in zwei Körper. Der Körper, welcher zwischen der Grundebene und der mit ihr parallelen Durchschnittsebene sich befindet, heißt ein abgekürzter Kegel, der andere Körper heißt der Ergänzungskegel zu jenem abgekürzten Kegel.

Ein abgekürzter Kegel ist durch zwei Kreise, deren Ebenen parallel sind, und durch eine krumme Fläche begränzt. Die beiden Kreise heißen die Grundebenen, die krumme Fläche der Mantel des abgekürzten Kegels. Die gerade Verbindungslinie der Mittelpunkte der Grundebenen wird die Achse, der normale Abstand der Grundebenen die Höhe des abgekürzten Kegels genannt. Die Seiten eines abgekürzten Kegels sind diejenigen Stücke von den Seiten des vollständigen Kegels, welche innerhalb des Mantels des abgekürzten Kegels liegen.

Ein abgekürzter Kegel heißt normal, wenn er aus einem normalen Kegel erhalten wurde, oder, wenn seine Achse normal auf den Grundebenen steht; ein abgekürzter Kegel heißt schief, wenn er aus einem schiefen Kegel geschnitten worden, oder, wenn seine Achse schief auf den Grundebenen steht. Alle Seiten des normalen abgekürzten Kegels sind einander gleich.

§. 153. Aufgabe.

Den Inhalt eines abgekürzten Kegels zu bestimmen, wenn die Radien a und b der beiden Grundebenen und die Höhe h des abgekürzten Kegels gegeben sind.

Auflösung. Der Inhalt des abgekürzten Kegels wird erhalten in der Differenz zwischen dem Inhalt des vollständigen Kegels und dem Inhalt des Ergänzungskegels. Die nicht bekannte Höhe des Ergänzungskegels bezeichne x. Die Höhe des vollständigen Kegels ist alsdann $h + x$. Der Inhalt des vollständigen Kegels ist, wenn a als der größere Radius angenommen wird, gleich $\frac{\pi a^2(h+x)}{3}$; der Inhalt des Ergänzungskegels ist $\frac{\pi b^2 x}{3}$; der Inhalt des abgekürzten Kegels ist demnach

$$\frac{\pi a^2(h+x)}{3} - \frac{\pi b^2 x}{3}$$

oder $$\frac{\pi}{3}\,[a^2 h + (a^2 - b^2)x].$$

Für x, welches noch beseitigt werden muß, hat man die Gleichung:

$$h + x : x = a : b.$$

Aus derselben folgt $$h : x = a - b : b$$

$$x = \frac{bh}{a-b}.$$

Dieser Ausdruck werde oben substituirt; dadurch entsteht für den Inhalt des abgekürzten Kegels

$$\frac{\pi}{3}\,[a^2 h + (a+b)bh]$$

oder $$\frac{\pi h}{3}(a^2 + ab + b^2).$$

§. 154. Aufgabe.

Den Inhalt des Mantels eines normalen abgekürzten Kegels zu berechnen, wenn die Radien a und b der Grundebenen, und die Seite c des abgekürzten Kegels gegeben sind.

Auflösung. Der Mantel des abgekürzten Kegels ist die Differenz zwischen dem Mantel des vollständigen Kegels und dem Mantel des Ergänzungskegels. Die unbekannte Seite des Ergänzungskegels sei y; die Seite des vollständigen Kegels ist dann $c + y$. Der Mantel des vollständigen Kegels ist, unter a den größeren Radius verstanden, gleich $\pi a(c + y)$, der Mantel des Ergänzungskegels πby; der Mantel des abgekürzten Kegels ist deshalb

$$\pi a(c + y) - \pi by$$

oder $$\pi[ac + (a-b)y].$$

Für y, welches noch zu ermitteln ist, hat man die Gleichung

$$c + y : y = a : b$$

oder $$c : y = a - b : b,$$

daraus $$y = \frac{bc}{a - b}.$$

Dieser Werth werde oben substituirt; dadurch ergiebt sich für den Mantel des normalen abgekürzten Kegels

$$\pi c (a + b).$$

§. 155. Zusatz.

Die Oberfläche eines normalen abgekürzten Kegels, dessen Grundebenen die Radien a und b haben, und dessen Seite c ist, drückt sich demnach aus durch

$$\pi c (a + b) + \pi a^2 + \pi b^2,$$

welches gleich ist $\pi[(a + c) a + (b + c) b]$.

VI. Von der Kugel.

§. 156.

Ein Körper, welcher so begränzt ist, daß alle Punkte der Begränzung von einem innerhalb des Körpers liegenden Punkte gleich weit entfernt sind, heißt eine Kugel. Die Begränzung der Kugel besteht in einer krummen Fläche. Sie wird die Kugelfläche genannt. Der innerhalb der Kugel befindliche Punkt, von welchem alle Punkte der Kugelfläche gleich weit entfernt sind, heißt der Mittelpunkt der Kugel, der Mittelpunkt der Kugelfläche.

Jede gerade Linie, vom Mittelpunkt einer Kugel bis zu irgend einem Punkte ihrer Kugelfläche, heißt ein Radius oder ein Halbmesser der Kugel. Jede gerade Linie, welche zwei Punkte einer Kugelfläche verbindet, und durch den Mittelpunkt geht, heißt ein Durchmesser der Kugel.

§. 157.

Alle Radien einer Kugel sind einander gleich, eben so alle Durchmesser. Und ein Durchmesser ist das Doppelte des Radius derselben Kugel.

§. 158. Lehrsätze.

1) Jede gerade Linie, deren normaler Abstand vom Mittelpunkt einer Kugel kleiner ist als der Radius, schneidet die Kugel, und hat mit der Kugelfläche zwei Punkte gemeinschaftlich.

2) Jede gerade Linie, deren normaler Abstand vom Mittelpunkt einer Kugel größer ist als der Radius, hat mit der Kugel keinen Punkt gemeinschaftlich.

3) Eine gerade Linie, deren normaler Abstand vom Mittelpunkt einer Kugel gleich dem Radius ist, hat mit der Kugelfläche einen einzigen Punkt gemeinschaftlich, und dies ist der Punkt, in welchem die Normale aus dem Mittelpunkte der Kugel die Linie trifft.

Diese Sätze gelten auch umgekehrt, und sind leicht zu erweisen.

§. 159.

Jede gerade Linie, welche mit der Fläche einer Kugel nur einen Punkt gemeinschaftlich hat, heißt eine Tangente der Kugel für diesen Punkt, und der Punkt, welchen die Tangente mit der Kugelfläche gemeinschaftlich hat, wird der Berührungspunkt genannt.

§. 160. Lehrsätze.

1) Jede gerade Linie, welche auf einem Radius normal steht in dem Punkte, welchen er mit der Kugelfläche gemein hat, ist eine Tangente der Kugel für diesen Punkt.

2) Zieht man nach dem Berührungspunkt einer Tangente einen Radius, so wird er normal auf der Tangente.

3) Fällt man vom Mittelpunkte der Kugel eine Normale auf eine Tangente der Kugel, so trifft sie den Berührungspunkt.

Beweise sind leicht zu führen.

§. 161. Lehrsatz.

Wird eine Kugel durch eine Ebene geschnitten, so ist die Durchschnittsfigur ein Kreis.

Beweis. Die Ebene geht entweder durch den Mittelpunkt der Kugel oder nicht. — Die Ebene gehe erstens durch den Mittelpunkt. Die Entfernung eines jeden Punktes der Begränzung der Durchschnittsfigur von dem Mittelpunkte der Kugel ist dem Radius der Kugel gleich. Daher ist in diesem Fall die Durchschnittsfigur ein Kreis und der Mittelpunkt desselben ist der Mittelpunkt der Kugel, sein Radius der Radius der Kugel. — Die Ebene gehe zweitens nicht durch den Mittelpunkt. Der Mittelpunkt der Kugel sei M. Man fälle von M aus eine Normale auf die Ebene. Die Normale treffe die Ebene in A. Zwei Punkte der Begränzung der Durchschnittsfigur seien B und C. Man ziehe die Linien AB und AC, MB und MC. Dadurch entstehen zwei Dreiecke, MAC und MAB. Die Dreiecke sind bei A rechtwinklig, sie haben die Hypotenusen MB und MC gleich, als Radien der Kugel, die Kathete MA gemeinschaftlich; die Dreiecke sind demnach congruent, und daraus folgt die Gleichheit der Linien AB und AC. Aus der Gleichheit dieser Linien erhellet aber, daß die Durchschnittsfigur ein Kreis ist.

Bezeichnet r den Radius einer Kugel, x die Entfernung des Mittelpunkts der Kugel von einer die Kugel durchschneidenden Ebene, so ist der Radius des Kreises, welcher die Durchschnittsfigur bildet, gleich $\sqrt{r^2 - r^2}$.

§. 162. Lehrsätze.

1) Eine Ebene, deren normaler Abstand vom Mittelpunkt einer Kugel geringer ist als der Radius, schneidet die Kugel.

2) Eine Ebene, deren Entfernung vom Mittelpunkt einer Kugel größer als der Radius ist, hat mit der Kugel keinen Punkt gemeinschaftlich.

3) Eine Ebene, deren normaler Abstand vom Mittelpunkt einer Kugel gleich dem Radius ist, hat mit der Kugel und mit der Kugelfläche einen einzigen Punkt gemeinschaftlich.

Diese Sätze gelten auch umgekehrt.

§. 163.

Eine Ebene, welche mit der Fläche einer Kugel einen einzigen Punkt gemeinschaftlich hat, heißt eine Berührungsebene der Kugel für diesen Punkt, der Berührungspunkt genannt wird.

§. 164. Lehrsätze.

1) Jede Ebene, welche auf dem Radius einer Kugel normal steht in dem Punkte, welchen er mit der Kugelfläche gemeinschaftlich hat, ist eine Berührungsebene der Kugel für diesen Punkt.

2) Die gerade Linie, welche durch den Mittelpunkt einer Kugel und durch den Berührungspunkt einer Berührungsebene dieser Kugel geht, steht normal auf der Berührungsebene.

3) Fällt man vom Mittelpunkt einer Kugel eine Normale auf eine Berührungsebene der Kugel, so trifft sie den Berührungspunkt.

4) Die Normale, welche in dem Berührungspunkt auf einer Berührungsebene errichtet ist, geht durch den Mittelpunkt der Kugel.

5) Alle Berührungsebenen desselben Punktes einer Kugel fallen in einander.

§. 165. Lehrsätze.

1) Jede gerade Linie, welche in einer Berührungsebene liegt und durch den Berührungspunkt geht, ist eine Tangente der Kugel für jenen Berührungspunkt.

2) Für denselben Punkt auf der Oberfläche einer Kugel giebt es unendlich viele Tangenten. Alle diese Tangenten liegen in einer Ebene, und sie ist Berührungsebene der Kugel für jenen Punkt.

§. 166. Lehrsätze.

1) Schneidet eine Ebene eine Kugel, und wird von dem Mittelpunkt der Kugel eine Normale auf den Durchschnittskreis gefällt, so trifft sie den Mittelpunkt dieses Kreises.

2) Die gerade Linie, welche durch den Mittelpunkt einer Kugel und durch den Mittelpunkt eines Durchschnittskreises geht, steht auf der Ebene dieses Kreises normal.

3) Wird in dem Mittelpunkt eines Durchschnittskreises eine Normale auf der Ebene desselben errichtet, so geht sie durch den Mittelpunkt der Kugel.

§. 167. Lehrsätze.

1) Wird eine Kugel durch zwei Ebenen geschnitten, welche ungleich weit vom Mittelpunkt der Kugel entfernt stehen, so sind die Durchschnittsfiguren Kreise von ungleichen Halbmessern, und zwar hat der Kreis den größeren Halbmesser, dessen Entfernung vom Mittelpunkt der Kugel die geringere ist.

Beweis. Der Radius der Kugel sei r, die Entfernungen der Durchschnittsebenen seien x und y. Dann sind die Radien der Durchschnittsfiguren $\sqrt{r^2 - x^2}$ und $\sqrt{r^2 - y^2}$; und wird angenommen, daß

$$x > y,$$

so ist $\sqrt{r^2 - x^2} < \sqrt{r^2 - y^2}$.

2) Sind zwei Durchschnittskreise einer Kugel ungleich, so steht der größere dem Mittelpunkt näher als der kleinere.

Beweis. Dem vorigen ähnlich.

3) Wird eine Kugel durch zwei Ebenen geschnitten, welche gleich weit vom Mittelpunkt der Kugel entfernt stehen, so sind die Durchschnittsfiguren Kreise von gleichen Halbmessern.

Beweis. Denn ist r der Radius der Kugel, und die Entfernung einer jeden der Ebenen vom Mittelpunkt der Kugel gleich x, so ist der Radius einer jeden der Durchschnittsfiguren gleich $\sqrt{r^2 - x^2}$.

4) Sind zwei Durchschnittskreise einer Kugel gleich, so sind sie gleich weit vom Mittelpunkt der Kugel entfernt.

5) Alle Ebenen, welche durch den Mittelpunkt einer Kugel gehen, liefern gleiche Durchschnittsfiguren, nämlich Kreise, deren Radien gleich dem Radius der Kugel sind.

6) Alle Ebenen, welche eine Kugel schneiden, ohne durch

den Mittelpunkt der Kugel zu gehen, liefern als Durchschnittsfiguren Kreise, deren Radien kleiner sind, als der Radius der Kugel.

7) Unter allen Ebenen, welche eine Kugel schneiden, liefern demnach diejenigen Ebenen, welche durch den Mittelpunkt der Kugel gehen, die größten Durchschnittsfiguren.

8) Zwei dergleichen größte Durchschnittskreise einer Kugel, welche sich schneiden, haben einen Durchmesser zur Durchschnittslinie, halbiren sich daher.

§. 168.

Die Kreise, welche Durchschnittsfiguren sind von Ebenen und einer Kugel, durch deren Mittelpunkt die Ebenen gehen, heißen größte Kreise dieser Kugel. Alle Kreise, welche Durchschnittsfiguren sind von Ebenen und einer Kugel, durch deren Mittelpunkt die Ebenen nicht gehen, werden kleinere Kreise dieser Kugel genannt. Kugelkreise oder Kreise der Kugel sollen überhaupt die Kreise heißen, welche Durchschnittsfiguren sind zwischen Ebenen und einer Kugel.

§. 169.

Man stelle sich eine Kugel vor, schneide sie durch eine Ebene, und denke den Durchmesser der Kugel, welcher normal steht auf dem Kreise, der sich als Durchschnittsfigur ergab. Der Durchmesser heißt die Achse dieses Kreises, und die Punkte, in welchen er die Kugelfläche schneidet, werden die Pole des Kreises genannt. Wird die Kugel durch parallele Ebenen geschnitten, so heißen die sich ergebenden Kreise Parallelkreise; der Parallelkreis, welcher durch den Mittelpunkt geht, heißt der Aequator. Parallelkreise haben die Achse und die Pole gemeinschaftlich. Jeder größte Kreis, welcher durch die Achse geht, heißt ein Meridiankreis, schlechthin Meridian.

§. 170.

Man stelle sich eine Kugel vor, und schneide dieselbe durch eine Ebene. Die Kugelfläche wird in zwei Theile zerlegt: jeder von diesen Theilen wird eine Calotte genannt. Die Kugel selbst wird durch eine Ebene gleichfalls in zwei Theile zerlegt, und jeder von diesen Theilen heißt ein Kugelabschnitt. Geht die Ebene durch den Mittelpunkt der Kugel, so sind, wie leicht erhellet, die beiden Kugelabschnitte, in welche die Kugel zerlegt wird, congruent: jeder von diesen Kugelabschnitten heißt eine Halbkugel.

Ein Kugelabschnitt ist von einer Calotte und von einem Kreise begränzt.

Man stelle sich einen Kugelabschnitt vor, und errichte auf dem ihn begränzenden Kreise in dessen Mittelpunkt eine Normale: das Stück dieser Normale, welches innerhalb des Kugelabschnitts sich befindet, heißt die Höhe des Kugelabschnitts, zugleich die Höhe der Calotte, welche den Kugelabschnitt begränzt.

Kugelabschnitte, welche derselben Kugel angehören, und gleiche Höhen haben, sind, wie leicht erhellet, congruent.

§. 171.

Man stelle sich eine Kugel vor, und schneide sie durch zwei parallele Ebenen. Das Stück der Kugelfläche, welches zwischen den beiden parallelen Ebenen sich befindet, heißt eine Zone, das Stück der Kugel, welches zwischen den beiden parallelen Ebenen liegt, eine körperliche Zone.

Unter der Höhe einer Zone, oder einer körperlichen Zone, wird der normale Abstand der beiden parallelen Ebenen verstanden, welche die Zone, oder die körperliche Zone, aus der Kugel schneiden.

§. 172. Lehrsatz.

Wenn eine Kugelfläche und der Mantel eines normalen Kegels, dessen Spitze im Mittelpunkt der Kugelfläche liegt, sich schneiden, so ist die Durchschnittslinie beider Flächen eine Kreislinie.

Beweis. Der Mittelpunkt der Kugel sei M. Der Punkt, in welchem irgend eine Seite des Kegelmantels und die Kugelfläche sich schneiden, sei A. Durch den Punkt A lege man eine Ebene, normal auf der Achse des Kegels. Die Ebene schneidet die Kugelfläche in einer Kreislinie, den Kegelmantel ebenfalls in einer Kreislinie. Die Stücke der Seiten des Kegels, welche zwischen der Spitze M und der Durchschnittsebene liegen, sind sämmtlich einander gleich, nämlich gleich MA, welches der Radius der Kugel ist. Daher liegt die Kreislinie, in welcher die Ebene und der Kegelmantel sich schneiden, zugleich in der Kugelfläche; und die Kugelfläche und der Kegelmantel haben die Kreislinien gemeinschaftlich. Daraus erhellet der Satz.

§. 173.

Man stelle sich eine Kugel vor, und den Mantel eines normalen Kegels, dessen Spitze im Mittelpunkt der Kugel liegt. Der Kegelmantel theilt sowohl die Kugelfläche als die Kugel selbst in zwei Theile. Jeder von den Theilen der Kugelfläche ist eine Calotte, nach dem vorigen Paragraph. Jeder von den Theilen der Kugel wird ein Kugelausschnitt genannt.

Ein Kugelausschnitt ist von einer Calotte begränzt und von dem Mantel eines normalen Kegels. Die Höhe der Calotte, welche den Kugelausschnitt begränzt, heißt die Höhe des Kugelausschnitts.

Ein Kugelausschnitt erscheint entweder als die Summe eines Kugelabschnitts und eines normalen Kegels, oder als die Differenz eines Kugelabschnitts und eines normalen Kegels.

Zuweilen wird eine Halbkugel als ein Kugelausschnitt betrachtet, dann wird eine Kreisebene, welche die Halbkugel begränzt, als Kegelmantel angesehen.

§. 174. Lehrsatz.

Der Inhalt einer Kugel, deren Radius r ist, ist gleich $\frac{4}{3}\pi r^3$.

Beweis. Es sei, Fig. 12, BC gleich dem Radius r; ABC sei ein Quadrant, ABCD ein Quadrat, BD eine Diagonale desselben, EH eine gerade Linie, welche parallel ist mit BC. Man stelle sich vor, die ganze Figur werde um die Linie AB gedreht, bis sie wieder ihre erste Lage erreicht. Bei dieser Drehung beschreibt der Quadrant eine Halbkugel, deren Halbmesser r ist. Das Quadrat beschreibt einen normalen Cylinder; der Radius der Grundebene desselben ist r, seine Höhe ebenfalls r. Das Dreieck ADB beschreibt einen normalen Kegel, dessen Grundebene den Radius r hat, und dessen Höhe r ist. Die Linie EH endlich beschreibt eine Ebene, welche parallel ist mit der Ebene, die durch die Linie BC beschrieben wird. — Den Kegel, welchen das Dreieck ADB hervorbringt, nehme man aus dem Cylinder. Von dem Cylinder bleibt der Körper übrig, welchen das Dreieck BCD erzeugt. Es läßt sich darthun, daß der Körper, welcher durch das Dreieck BCD beschrieben wird, gleich der Halbkugel ist. Schneidet man nämlich beide Körper durch Ebenen, welche mit der Ebene parallel sind, die die Linie BC beschreibt, so ist bei jeder solchen Ebene die Durchschnittsfigur mit der Halbkugel eben so groß, als die Durchschnittsfigur mit dem Körper, den das Dreieck BCD liefert; daraus folgt alsdann nach §. 126 die Gleichheit beider Körper. — Eine solche Ebene ist die, welche die Linie EH erzeugt. Diese Ebene schneidet die Halbkugel in einem Kreise, dessen Radius EG ist; den Körper, welchen das Dreieck BCD liefert, schneidet sie in einem Ringe, dessen Radien EH und EF sind. Man denke den Radius BG, und es ist

$$EG^2 = BG^2 - BE^2.$$

Es verhält sich

$$BE : EF = BA : AD = 1 : 1.$$

Daher ist BE gleich EF, und es ist $BG = BC = EH$. Die obere Gleichung geht also über in

$$EG^2 = EH^2 - EF^2,$$

demnach ist $\pi EG^2 = \pi EH^2 - \pi EF^2$,

d. h. die beiden in Rede stehenden Durchschnittsfiguren sind einander gleich. Die Halbkugel ist also in der That gleich dem Körper, welchen das Dreieck BCD bei der Umdrehung hervorbringt. — Dieser Körper ist die Differenz zwischen dem Cylinder, den das Quadrat ABCD, und dem Kegel, den das Dreieck ADB beschreibt. Der Inhalt des Cylinders ist $\pi r^2 \cdot r$, oder πr^3, der des Kegels ist $\frac{\pi r^2 \cdot r}{3}$, oder $\frac{\pi r^3}{3}$. Daher ist der Inhalt der Halbkugel gleich

$$\pi r^3 - \frac{\pi r^3}{3},$$

welches einerlei ist mit

$$\tfrac{2}{3}\pi r^3$$

und der Inhalt der ganzen Kugel ist dann

$$\tfrac{4}{3}\pi r^3.$$

Bezeichnet d den Durchmesser einer Kugel, so ist der Inhalt gleich

$$\tfrac{4}{3}\pi\left(\frac{d}{2}\right)^3$$

oder

$$\tfrac{1}{6}\pi d^3.$$

§. 175. Aufgaben.

1) Den Inhalt eines Kugelabschnittes zu berechnen, wenn der Radius der Kugel r ist, und die Höhe des Kugelabschnittes h.

Auflösung. Im vorigen Paragraphen ist erkannt worden, daß die Halbkugel, welche bei der Drehung der Fig. 12 um AB durch den Quadranten ABC beschrieben wird, gleich ist dem Körper, welchen das Dreieck BCD hervorbringt. — Aus dem dort geführten Beweise erhellet zugleich, daß der Kugelabschnitt, welchen AEG bei der Drehung der Figur um AB beschreibt, gleich dem Körper ist, welchen das Dreieck FHD bei derselben Drehung erzeugt. In dem Inhalt des zuletzt erwähnten Körpers wird man daher den Inhalt des Kugelabschnittes erhalten. Der Inhalt jenes Körpers ergiebt sich aber in der Differenz zwischen dem Inhalt des Cylinders, der von dem Rechteck ADHE beschrieben wird, und dem Inhalt des abgekürzten Kegels, welchen das Trapez ADFE beschreibt. — Der Radius der Grundebene des Cylinders ist r, die Höhe ist h. Die Radien der Grundebenen des abgekürzten Kegels sind r und EF, welches gleich BE, oder gleich r — h ist, die Höhe des abgekürzten Kegels ist h. Daher drückt sich der Inhalt des Kugelabschnitts aus durch

$$\pi r^2 h - \tfrac{1}{3}\pi h\,[r^2 + r(r-h) + (r-h)^2]$$

oder durch

$$\tfrac{1}{3}\pi h\,[3r^2 - r^2 - r^2 + rh - r^2 + 2rh - h^2]$$

und dies ist einerlei mit

$$\tfrac{1}{3}\pi h^2 (3r - h).$$

Diese Herleitung gilt, so lange die Höhe h nicht größer ist als der Radius r der Kugel. Ist die Höhe h größer als der Radius der Kugel, so ist die Höhe des Kugelabschnitts, welcher den ersten zur Kugel ergänzt, kleiner als der Radius, nämlich gleich $2r - h$. Der Inhalt dieses Kugelabschnitts drückt sich also nach dem oben erhaltenen Resultat aus durch

$$\tfrac{1}{3}\pi (2r - h)^2\,[3r - (2r - h)]$$

oder $$\tfrac{1}{3}\pi (2r - h)^2 (r + h).$$

Die Differenz zwischen der Kugel und diesem Kugelabschnitt ist der Kugelabschnitt zur Höhe h. Daher ist dieser gleich

$$\tfrac{4}{3}\pi r^3 - \tfrac{1}{3}\pi (2r - h)^2 (r + h)$$

oder $$\tfrac{1}{3}\pi\,[4r^3 - 4r^3 + 4hr^2 - h^2 r - 4hr^2 + 4h^2 r - h^3]$$

oder $$\tfrac{1}{3}\pi h^2 (3r - h).$$

Ist also r der Radius der Kugel, h die Höhe eines Kugelabschnitts, so ist der Inhalt des Kugelabschnitts gleich

$$\text{I.}\quad \tfrac{1}{3}\pi h^2 (3r - h).$$

2) Den Inhalt eines Kugelabschnittes zu berechnen, wenn der Radius a der den Kugelabschnitt begränzenden Kreisebene, und die Höhe h des Kugelabschnittes gegeben ist.

Auflösung. Es sei Fig. 12 EG gleich a. Man hat die Proportion

$$h : a = a : 2r - h.$$

Aus derselben folgt

$$2r - h = \frac{a^2}{h},$$

also $$r = \frac{a^2 + h^2}{2h}.$$

Diesen Ausdruck für r substituire man in der oben unter I. stehenden Formel, dadurch erhält man für den Inhalt des Kugelabschnittes

$$\text{II.}\quad \tfrac{1}{6}\pi h (3a^2 + h^2).$$

3) Den Inhalt eines Kugelabschnittes zu berechnen, wenn der Radius r der Kugel, und der Radius a der den Kugelabschnitt begränzenden Kreisebene gegeben ist.

Auflösung. Aus der Proportion

$$h:a=a:2r-h$$

folgt

$$h^2-2hr=-a^2$$

und hieraus

$$h=r\pm\sqrt{r^2-a^2}.$$

Diesen Werth für h substituire man in $\frac{1}{6}\pi(3a^2h+h^3)$, welches die Formel II. ist; dadurch entsteht für den Inhalt des Kugelabschnittes

$$\text{III.}\quad \tfrac{1}{3}\pi[2r^3\pm(a^2+2r^2)\sqrt{r^2-a^2}].$$

Die Kreisebene zum Radius a theilt die Kugel in zwei Kugelabschnitte. Das obere Vorzeichen gilt für den größeren, das untere für den kleineren.

§. 176. Aufgaben.

1) Den Inhalt einer körperlichen Zone zu berechnen, wenn a und b als die Radien der begränzenden Kreisebenen und die Höhe h gegeben sind.

Auflösung. Man denke die gerade Linie, welche die Mittelpunkte der beiden begränzenden Kreisebenen verbindet. Diese Linie steht normal auf beiden Kreisebenen, und ist gleich h. Man verlängere die Linie über den einen Endpunkt hinaus bis zum Durchschnitt mit der Oberfläche der vollständig gedachten Kugel. Die Verlängerung sei x. Der Inhalt der körperlichen Zone kann alsdann erhalten werden in der Differenz der Inhalte der beiden Kugelabschnitte, von welchen der eine die Höhe h + x, der andere die Höhe x hat. Die Kreisebene, welche den ersteren begränzt, habe den Radius a, die welche den anderen begränzt, den Radius b. Der Inhalt der körperlichen Zone drückt sich daher, wenn man die Formel II. im vorstehenden Paragraph anwendet, aus durch

$$\tfrac{1}{6}\pi(h+x)[3a^2+(h+x)^2]-\tfrac{1}{6}\pi x(3b^2+x^2),$$

welches gleich ist

$$\tfrac{1}{6}\pi[3a^2h+3a^2x+h^3+3h^2x+3hx^2+x^3-3b^2x-x^3]$$

oder gleich

$$\tfrac{1}{6}\pi[3hx^2+3(a^2-b^2+h^2)x+3a^2h+h^3].$$

Der Unbekannte x muß beseitigt werden. Man setze den Radius der Kugel gleich y; alsdann hat man die Proportionen

$$x:b=b:2y-x$$

$$h+x:a=a:2y-x-h.$$

Aus der ersten folgt

$$2y-x=\frac{b^2}{x}.$$

Diesen Werth setze man in die zweite Proportion. Das liefert

$$h+x:a=a:\frac{b^2}{x}-h.$$

Hieraus folgt $h + x : a = ax : b^2 - hx$

$$a^2x = b^2h + b^2x - h^2x - hx^2$$

$$hx^2 + (a^2 - b^2 + h^2)x = b^2h,$$

also $3hx^2 + 3(a^2 - b^2 + h^2)x = 3b^2h.$

Diesen Werth substituire man in dem für den Inhalt der körperlichen Zone gefundenen Ausdruck, und es entsteht

$$\text{I.}\quad \tfrac{1}{6}\pi h(3a^2 + 3b^2 + h^2).$$

2) Den Inhalt einer körperlichen Zone zu berechnen, wenn a und b als die Radien der sie begränzenden Kreisebenen und r als der Radius der Kugel gegeben sind.

Auflösung. Den Inhalt der körperlichen Zone erhält man in a, b und r ausgedrückt, wenn man die Höhe der körperlichen Zone vermittelst a, b und r ausdrückt, und den für die Höhe gefundenen Ausdruck statt h in der Formel I. substituirt. Es stelle a den Radius der größeren Kreisebene vor, b den der kleineren. Die Höhe h der körperlichen Zone drückt sich alsdann aus durch

$$\sqrt{r^2 - b^2} \mp \sqrt{r^2 - a^2}.$$

In diesem Ausdruck ist $\sqrt{r^2 - a^2}$ negativ zu nehmen, wenn beide Kreisebenen auf einer Seite des Mittelpunkts der Kugel sich befinden, oder, mit anderen Worten, wenn der Mittelpunkt der Kugel nicht zwischen beiden Kreisebenen liegt; die Wurzel ist dagegen positiv zu setzen, wenn die Kreisebenen auf verschiedenen Seiten des Mittelpunktes der Kugel liegen, oder mit anderen Worten, der Mittelpunkt der Kugel zwischen den Kreisebenen sich befindet. Den Ausdruck für die Höhe substituire man in

$$\tfrac{1}{6}\pi h(3a^2 + 3b^2 + h^2)$$

oder lieber in $\tfrac{1}{6}\pi(3a^2h + 3b^2h + h^3)$,

das liefert

$$\begin{aligned}\tfrac{1}{6}\pi[&3a^2\sqrt{r^2-b^2} \mp 3a^2\sqrt{r^2-a^2} + 3b^2\sqrt{r^2-b^2} \mp 3b^2\sqrt{r^2-a^2}\\ &+ r^2\sqrt{r^2-b^2} - b^2\sqrt{r^2-b^2} \mp 3r^2\sqrt{r^2-a^2} \pm 3b^2\sqrt{r^2-a^2}\\ &+ 3r^2\sqrt{r^2-b^2} - 3a^2\sqrt{r^2-b^2} \mp r^2\sqrt{r^2-a^2} \pm a^2\sqrt{r^2-a^2}],\end{aligned}$$

welches einerlei ist mit

$$\tfrac{1}{6}\pi[\mp 2a^2\sqrt{r^2 - a^2} + 2b^2\sqrt{r^2 - b^2} + 4r^2\sqrt{r^2 - b^2} \mp 4r^2\sqrt{r^2 - a^2}]$$

und dies liefert für den Inhalt der körperlichen Zone

$$\text{II.}\quad \tfrac{1}{3}\pi[(b^2 + 2r^2)\sqrt{r^2 - b^2} \mp (a^2 + 2r^2)\sqrt{r^2 - a^2}].$$

Hier gilt, wie bereits oben erwähnt, $\mp$ je nachdem der Mittelpunkt der Kugel nicht zwischen den Kreisebenen liegt, oder zwischen denselben.

Der Ausdruck, welcher für den Inhalt der körperlichen Zone zuletzt gefunden worden, ist auch vermittelst der Formel III. im vorigen Paragraphen zu erhalten; die Bestimmung der Vorzeichen wird dabei umständlicher, die Rechnung dagegen kurz. — Man muß nämlich bemerken, daß jede Kreisebene die Kugel in zwei Kugelabschnitte zerlegt, welche im Allgemeinen ungleich sind, und sich um so mehr von einander unterscheiden, je kleiner die Kreisebene ist; ferner, daß man, um die beiden körperlichen Zonen zu erhalten, welche durch a, b und r bestimmt sind, den größeren von den Kugelabschnitten, welche die Kreisebene zum Radius b abschneidet, als Minuend nehmen, und davon jeden der Kugelabschnitte subtrahiren muß, welche die Kreisebene zum Radius a liefert. Der größere der Kugelabschnitte, welchen die Kreisebene, deren Radius b ist, abschneidet, drückt sich nach III. im vorigen Paragraph aus

$$\tfrac{1}{3}\pi[3r^2 + (b^2 + 2r^2)\sqrt{r^2 - b^2}].$$

Die Kugelabschnitte, welche die Kreisebene, deren Radius a ist, liefert, sind

$$\tfrac{1}{3}\pi[3^2 \pm (a^2 + 2r^2)\sqrt{r^2 - a^2}].$$

Die Differenz dieser Ausdrücke giebt

$$\tfrac{1}{3}\pi[(b^2 + 2r^2)\sqrt{r^2 - b^2} \pm (a^2 + 2r^2)\sqrt{r^2 - a^2}],$$

welches bereits oben gefunden worden.

3) Den Inhalt einer körperlichen Zone zu berechnen, wenn der Radius r der Kugel, der Radius a der einen die körperliche Zone begränzenden Kreisebene, und die Höhe h der körperlichen Zone gegeben sind.

Auflösung. Man berechne zunächst den Radius x der anderen Kreisebene; alsdann läßt sich der Inhalt der körperlichen Zone vermittelst der Formel I. bestimmen. — Die Entfernung des Mittelpunktes der Kugel von der Kreisebene, welche a zum Radius hat, ist $\sqrt{r^2 - a^2}$. Ist

$$h > \sqrt{r^2 - a^2},$$

so ist die Entfernung des Mittelpunktes der Kugel von der Kreisebene, deren Radius x ist, gleich

$$h \pm \sqrt{r^2 - a^2},$$

ist dagegen

$$\sqrt{r^2 - a^2} > h,$$

so ist die Entfernung des Mittelpunktes der Kugel von der Kreisebene zum Radius x gleich

$$\sqrt{r^2 - a^2} \pm h.$$

Daher ist entweder

$$x^2 = r^2 - (h \pm \sqrt{r^2 - a^2})^2$$

oder es ist $$x^2 = r^2 - (\sqrt{r^2 - a^2} \pm h)^2,$$

also in beiden Fällen $x^2 = r^2 - h^2 \mp 2h\sqrt{r^2 - a^2} - r^2 + a^2$

$$x^2 = a^2 - h^2 \mp 2h\sqrt{r^2 - a^2}.$$

Den Werth für x^2 setze man statt b^2 in $\frac{1}{6}\pi h(3a^2 + 3b^2 + h^2)$; dadurch entsteht für den Inhalt der körperlichen Zone

$$\tfrac{1}{6}\pi h(3a^2 + 3a^2 - 3h^2 \mp 6h\sqrt{r^2 - a^2} + h^2)$$

und dies ist gleich

$$\text{III.} \quad \tfrac{1}{3}\pi h(3a^2 - h^2 \mp 3h\sqrt{(r^2 - a^2)}).$$

§. 177. Aufgaben.

1) Man soll den Inhalt eines Kugelausschnittes berechnen, wenn der Radius r der Kugel und die Höhe h des Kugelausschnittes gegeben sind.

Auflösung. Man nehme zuvörderst die Höhe h kleiner an als den Radius r. Der Kugelausschnitt ist alsdann die Summe eines Kugelabschnittes und eines Kegels. Der Kugelabschnitt hat h zur Höhe. Der Kegel hat die Höhe $r - h$; und für den Radius x seiner Grundebene hat man die Proportion

$$h : x = x : 2r - h,$$

aus welcher sich ergiebt $x^2 = h(2r - h)$.

Der Inhalt des Kugelabschnittes ist nach §. 175 I. gleich

$$\tfrac{1}{3}\pi h^2(3r - h),$$

der des Kegels ist gleich $\frac{1}{3}\pi x^2(r - h)$,

oder, wenn man für x^2 den Werth setzt,

$$\tfrac{1}{3}\pi h(2r - h)(r - h).$$

Daher ist in diesem Fall der Inhalt des Kugelausschnittes

$$\tfrac{1}{3}\pi h^2(3r - h) + \tfrac{1}{3}\pi h(2r - h)(r - h).$$

Man nehme ferner an, die Höhe h sei größer als der Radius r. Alsdann ist der Kugelausschnitt die Differenz zwischen einem Kugelabschnitt und einem Kegel. Der Kugelabschnitt hat h zur Höhe. Der Kegel hat die Höhe $h - r$ und für den Radius seiner Grundebene hat man die Gleichung

$$h : x = x : 2r - h,$$

aus welcher folgt $$x^2 = h(2r - h).$$

Der Inhalt des Kugelausschnittes ist daher

$$\tfrac{1}{3}\pi h^2(3r - h) - \tfrac{1}{3}\pi h(2r - h)(h - r)$$

oder $$\tfrac{1}{3}\pi h^2(3r - h) + \tfrac{1}{3}\pi h(2r - h)(r - h).$$

Dieser Ausdruck stimmt überein mit dem, welcher sich oben ergeben hatte. Es ist daher in jedem Fall der Inhalt des

Kugelausschnittes gleich dem letzten Ausdruck. Er läßt sich reduciren, und es entsteht

$$\frac{1}{3}\pi h[hr + h(2r - h) + r(2r - h) - h(2r - h)]$$

oder
$$\frac{1}{3}\pi h \cdot 2r^2.$$

Daher ist der Inhalt des Kugelausschnittes

$$\text{I.} \quad \frac{2}{3}\pi r^2 h.$$

2) Den Inhalt des Kugelausschnittes zu berechnen, wenn gegeben sind der Radius r der Kugel, und der Radius a der Kreisebene, welche den zum Kugelausschnitt gehörigen Kugelabschnitt begränzt.

Auflösung. Für die Höhe x des Kugelausschnittes hat man die Gleichung

$$x : = a : 2r - x.$$

Aus ihr folgt $x^2 - 2rx = -a^2$

$$x = r \pm \sqrt{r^2 - a^2}.$$

Diesen Werth für die Höhe des Kugelausschnittes setze man statt h in dem Ausdruck I. Dadurch erhält man für den Inhalt des Kugelausschnittes

$$\text{II.} \quad \frac{2}{3}\pi r^2[r \pm \sqrt{(r + a)(r - a)}].$$

3) Den Inhalt eines Kugelausschnittes zu berechnen, wenn die Höhe h desselben und der Radius a der Kreisebene, welche den zu ihm gehörigen Kugelabschnitt begränzt, gegeben sind.

Auflösung. Für den Radius y der Kugel hat man die Gleichung

$$h : a = a : 2y - h.$$

Aus ihr folgt

$$y = \frac{a^2 + h^2}{2h}$$

und setzt man diesen Werth in I. statt r, so ergiebt sich für den Inhalt des Kugelausschnittes

$$\text{III.} \quad \frac{1}{3}\pi \frac{(a^2 + h^2)^2}{2h}.$$

§. 178.

Ein Körper, welcher von lauter Ebenen begränzt ist, liegt um eine Kugel, wenn seine sämmtlichen Begränzungsebenen Berührungsebenen der Kugel sind. Der Inhalt eines solchen Körpers ist der dritte Theil des Products aus seiner Oberfläche in den Radius der Kugel.

Ein Körper, welcher von lauter Ebenen begränzt ist, liegt in einer Kugel, wenn seine sämmtlichen Ecken in der Kugelfläche sich befinden.

§. 179. Lehrsatz.

Der Inhalt einer Kugel ist der dritte Theil des Products aus der Oberfläche in den Radius.

Beweis. Der Inhalt der Kugel sei k, der Inhalt ihrer Oberfläche f, der Radius r. Der Beweis läßt sich indirect führen. Man nehme zuvörderst an, es sei

$$k > \frac{fr}{3}.$$

Dann ist eine Zahl f' denkbar, größer als f, und so, daß

$$k = \frac{f'r}{3}.$$

Man denke um die Kugel einen Körper, dessen Oberfläche f' ist. Der Inhalt dieses Körpers ist gleich $\frac{f'r}{3}$. Daher kann der Inhalt der Kugel, welcher kleiner ist, als der des um sie liegenden Körpers nicht $\frac{f'r}{3}$, überhaupt nicht größer sein als $\frac{fr}{3}$.

Man nehme ferner an, es sei

$$k < \frac{fr}{3}.$$

Alsdann könnte $\frac{fr}{3}$ der Inhalt k' einer größeren Kugel sein. Diese Kugel werde mit der ersten concentrisch angenommen, und um die erste Kugel denke man einen ebenen Körper, dessen Begränzungsflächen die Oberfläche der zweiten Kugel nicht schneiden. Die Oberfläche dieses Körpers sei v, sein Inhalt q. Man hat alsdann

$$q = \frac{vr}{3}$$

$$k' = \frac{fr}{3}.$$

Die erste Gleichung werde durch die zweite dividirt. Das liefert

$$\frac{q}{k'} = \frac{v}{f}.$$

Dies ist unmöglich, denn der erste Bruch ist echt, der andere unecht. Daher kann auch nicht

$$k < \frac{fr}{3}$$

sein. Es ist also $k = \frac{fr}{3}$, und das ist der Satz.

§. 180. Lehrsatz.

Der Inhalt eines Kugelausschnittes ist der dritte Theil des Products aus der ihn begränzenden Calotte in den Radius.

Wird bewiesen wie der vorangegangene Satz.

§. 181. Lehrsatz.

Die Oberfläche einer Kugel, deren Radius r ist, ist gleich $4\pi r^2$.

Beweis. Bezeichnet x die Oberfläche der Kugel, so ist der Inhalt der Kugel gleich $\frac{rx}{3}$. Der Inhalt der Kugel ist zugleich $\frac{4}{3}\pi r^3$. Daher die Gleichung

$$\frac{rx}{3} = \tfrac{4}{3}\pi r^3$$

und aus ihr folgt $x = 4\pi r^2$.

Die krumme Oberfläche der Halbkugel zum Radius r ist daher $2\pi r^2$, und die ganze Oberfläche dieser Halbkugel $3\pi r^2$.

§. 182. Aufgaben.

1) Den Inhalt einer Calotte zu bestimmen, wenn der Radius r der Kugel und die Höhe h der Calotte gegeben sind.

Auflösung. Es bezeichne x den Inhalt der Calotte. Der Inhalt des Kugelausschnittes, welcher zu dieser Calotte gehört, ist $\frac{rx}{3}$; er drückt sich auch aus durch $\frac{2}{3}\pi r^2 h$. Daher ist

$$\frac{rx}{3} = \tfrac{2}{3}\pi r^2 h.$$

Und indem man x aus dieser Gleichung entwickelt, ergiebt sich für den Inhalt der Calotte

$$\text{I.}\quad 2\pi r h.$$

2) Den Inhalt einer Calotte zu bestimmen, wenn der Radius r der Kugel und der Radius a der Kreisebene gegeben sind, welche die Calotte abschneidet.

Auflösung. Es bezeichne y die Höhe der Calotte. Dann verhält sich

$$y : a = a : 2r - y.$$

Hieraus folgt

$$y^2 - 2ry = -a^2$$

$$y = r \pm \sqrt{r^2 - a^2}$$

und setzt man in I statt h diesen Werth, so entsteht für den Inhalt der Calotte

$$\text{II.}\quad 2\pi r[r \pm \sqrt{(r+a)(r-a)}].$$

Die Kreisebene zum Radius a theilt die Kugelfläche in zwei Calotten, das obere Vorzeichen entspricht der größeren, das untere der kleineren.

3) Den Inhalt einer Calotte zu bestimmen, wenn die Höhe h der Calotte und der Radius a der die Calotte abschneidenden Kreisebene gegeben sind.

Auflösung. Der Radius der Kugel sei z. Es verhält sich

$$h:a = a:2z - h.$$

Daraus ist

$$z = \frac{a^2 + h^2}{2h}.$$

Diesen Werth setze man statt r in I. Dadurch geht für den Inhalt der Calotte hervor

$$\text{III.} \quad \pi(a^2 + h^2).$$

Man stelle sich eine gerade Linie vor von dem Punkt, in welchem die Höhe h die Calotte trifft, bis zu irgend einem Punkt der Peripherie des Kreises, welcher die Calotte abschneidet. Diese Linie bezeichne l. Es ist $l^2 = a^2 + h^2$. Daher drückt sich nach III. der Inhalt der Calotte auch aus durch

$$\pi l^2.$$

§. 183. Aufgabe.

Den Inhalt einer Zone zu bestimmen, wenn der Radius r der Kugel und die Höhe h der Zone gegeben sind.

Auflösung. Man denke die Kugelfläche vollständig. Man stelle sich die Linie vor, welche die Mittelpunkte der beiden Kreisebenen verbindet, die die Zone abschneiden. In dieser Verbindungslinie erhält man die Höhe h. Man verlängere diese Verbindungslinie über den einen ihrer Endpunkte hinaus bis zum Durchschnitt mit der Kugelfläche. Die Verlängerung sei x. Die Zone erscheint als Differenz der beiden Calotten, von welchen die eine die Höhe h + x, die andere die Höhe x hat. Die Differenz dieser Calotten ist

$$2\pi r(h + x) - 2\pi rx.$$

Daher ist der Inhalt der Zone gleich

$$2\pi rh.$$

§. 184. Lehrsatz.

1) Jede dreiseitige Pyramide liegt in einer Kugel.

Beweis. Eine dreiseitige Pyramide sei ABCD. Auf der Ebene des Dreiecks ABC denke man im Mittelpunkt M desselben eine Normale errichtet. Jeder Punkt dieser Normale ist von den Punkten A, B, C gleich weit entfernt. Auf der Ebene des Dreiecks ABD denke man im Mittelpunkt Q des

Dreiecks gleichfalls eine Normale errichtet, und es ist jeder Punkt derselben gleich weit von den Punkten A, B, D entfernt. Schneiden sich daher die Normalen, so ist ihr Durchschnittspunkt gleich weit entfernt von den vier Ecken der Pyramide, also Mittelpunkt einer Kugel, welche um die Pyramide liegt. Man denke von den Punkten M und Q Normalen gefällt auf die Kante AB. Sie treffen diese Kante in demselben Punkt nämlich in ihrer Mitte. Und jetzt erhellet leicht, daß die zuerst gedachten Normalen in einer Ebene sich befinden und sich schneiden.

2) Jede dreiseitige Pyramide liegt um eine Kugel.

Beweis. Eine dreiseitige Pyramide sei ABCD. Den körperlichen Winkel der Pyramide an der Kante AB denke man durch eine Ebene halbirt. Jeder Punkt dieser Ebene steht von den beiden Ebenen ABC und ABD gleich weit entfernt. Man halbire weiter den inneren Winkel an der Kante BC, und jeder Punkt der neuen Halbirungsebene steht von den Ebenen ABC und BCD gleich weit entfernt. Die beiden Halbirungsebenen haben den Punkt B gemein, schneiden sich also in einer Linie BX, welche innerhalb der Pyramide sich befindet und jeder Punkt dieser Linie steht gleich weit entfernt von den drei Ebenen ABC, ABD und BCD. Man halbire endlich den inneren Winkel an der Kante AC. Jeder Punkt der dritten Halbirungsebene steht von den Ebenen ABC und ACD gleich weit entfernt. Der Durchschnittspunkt X der dritten Halbirungsebene und der Linie BX ist demnach gleich weit entfernt von allen vier Begränzungsflächen der Pyramide, also Mittelpunkt einer Kugel in der Pyramide.

Es giebt noch vier Kugeln, von welchen je eine die eine Begränzungsfläche der Pyramide von außen und die Verbreitungen der drei übrigen berührt; und dies wird erkannt, wenn man die übrigen Winkel der Pyramide halbirt.

---

§. 185.

Von dem Begriff der Aehnlichkeit zweier geradlinigten ebenen Figuren, kann man zu dem Begriff der Aehnlichkeit zweier Körper fortschreiten. — Zwei ähnliche geradlinigte ebene Figuren sind von gleicher Gestalt. Dies gilt auch umgekehrt. Man darf daher auch sagen, Körper sind ähnlich, wenn sie gleiche Gestalt haben.

Unter den Abmessungen oder Dimensionen einer Fläche, eines Körpers versteht man diejenigen Linien, durch welche sich der Inhalt bestimmt.

Bei ähnlichen Körpern verhalten sich die Dimensionen des einen, wie die Dimensionen des anderen.

Aehnliche Körper verhalten sich wie die dritten Potenzen von einerlei Dimensionen. Dies läßt sich bei jeder Art von Körpern besonders erweisen, und der Beweis ist leicht.

Kugeln sind zum Beispiel ähnlich. Hat eine Kugel den Radius r, eine zweite den Radius t, so verhalten sich diese Kugeln wie $\pi r^3 \frac{4}{3} : \frac{4}{3}\pi t^3$, d. h. wie $r^3 : t^3$. — Oder man stelle sich zwei ähnliche Kegel vor. Der Radius der Grundebene des einen sei r, seine Höhe sei h; der Radius der Grundebene des anderen sei r_1, die Höhe h_1. Es muß sich alsdann verhalten

$$r : h = r_1 : h_1.$$

Die Kegel verhalten sich wie $\frac{1}{3}\pi r^2 h : \frac{1}{3}\pi r_1^2 h_1$

oder wie $r^2 h : r_1{}^2 h_1$.

Aus der oberen Proportion folgt

$$h = \frac{h_1 r}{r_1}$$

und

$$r = \frac{h r_1}{h_1}.$$

In dem Quotienten, welcher das Verhältniß der Kegel ausdrückt, setze man einmal statt h, das andere Mal statt r den gefundenen Werth; dadurch ergiebt sich das Verhältniß der Kegel einmal gleich

$$r^3 : r_1^3$$

und dann gleich $h^3 : h_1^3$.

Das eine folgt übrigens schon aus dem anderen, weil $r : r_1 = h : h_1$.

§. 186.

Die Formeln für die Bestimmung des Inhalts von Körpern und ihrer Oberfläche, welche man ihrer häufigeren Anwendung wegen, dem Gedachtniß einzuprägen hat, sind folgende.

1) Der Inhalt eines Prismas ist das Product aus der Grundebene und der Höhe.

2) Der Inhalt einer Pyramide ist der dritte Theil des Productes aus Grundebene und Höhe.

3) Der Inhalt einer abgekürzten Pyramide ist

$$\frac{h}{3}(a + \sqrt{ab} + b)$$

unter a und b die Inhalte der Grundebenen, und unter h die Höhe verstanden.

4) Der Inhalt eines schief abgeschnittenen dreiseitigen Prismas ist

$$\frac{(a+b+c)f}{3}$$

unter a, b, c die Seitenkanten und unter f den Inhalt der auf den Seitenkanten normal stehenden Durchschnittsebene verstanden.

5) Der Inhalt des Cylinders ist

$$\pi r^2 h,$$

wenn r der Radius der Grundebene und h die Höhe ist.

6) Der Mantel des normalen Cylinders ist

$$2\pi rh,$$

wenn r der Radius der Grundebene ist, und h die Höhe.

7) Der Inhalt eines Kegels ist

$$\tfrac{1}{3}\pi r^2 h,$$

unter r den Radius der Grundebene verstanden, und unter h die Höhe.

8) Der Mantel des normalen Kegels ist

$$\pi rb,$$

unter r den Radius der Grundebene und unter b die Seite verstanden.

9) Der Inhalt des abgekürzten Kegels ist

$$\frac{\pi h}{3}(a^2 + ab + b^2),$$

unter a und b die Radien der Grundebenen und unter h die Höhe verstanden.

10) Der Mantel des abgekürzten normalen Kegels ist

$$\pi c(a + b),$$

unter a und b die Radien der Grundebenen, unter c die Seite des abgekürzten Kegels verstanden.

11) Der Inhalt der Kugel ist

$$\tfrac{4}{3}\pi r^3,$$

wenn r den Radius der Kugel vorstellt.

12) Der Inhalt des Kugelabschnittes ist

$$\tfrac{1}{3}\pi h^2(3r - h),$$

wenn r den Radius der Kugel und h die Höhe des Kugelabschnittes bezeichnet.

13) Der Inhalt des Kugelabschnittes ist

$$\tfrac{1}{6}\pi h(3a^2 + h^2),$$

wenn a der Radius der Kreisebene ist, welche den Kugelabschnitt begränzt, und h die Höhe des Kugelabschnitts.

14) Der Inhalt der körperlichen Zone ist

$$\tfrac{1}{6}\pi h(3a^2 + 3b^2 + h^2),$$

unter a und b die Radien der Kreise verstanden, welche die körperliche Zone begränzen, und unter b die Höhe der körperlichen Zone.

15) Der Inhalt des Kugelausschnittes ist

$$\tfrac{2}{3}\pi r^2 h,$$

wenn r den Radius der Kugel vorstellt, h die Höhe des Kugelausschnittes.

16) Die Oberfläche der Kugel ist

$$4\pi r^2,$$

unter r den Radius der Kugel verstanden.

17) Der Inhalt einer Calotte ist

$$2\pi rh,$$

wenn r den Radius der Kugel vorstellt, h die Höhe der Calotte.

18) Der Inhalt der Zone ist

$$2\pi rh,$$

unter r den Radius der Kugel, unter h die Höhe der Zone verstanden.

Viertes Kapitel.

Berechnungen.

§. 187. Aufgaben.

Von einem Parallelepipedum Fig. 13 sind drei zusammenstoßende Kanten a, b, c gegeben und die Winkel α, β, γ, welche diese Kanten bilden, man soll die Diagonale x des Parallelepipedums berechnen, welche von der Ecke ausgeht, in der jene Kanten zusammenstoßen.

Auflösung. Es ist N die Mitte von EG und von FH. Daher hat man

$$x^2 + c^2 = 2DN^2 + \tfrac{1}{2}EG^2$$
$$DF^2 + DH^2 = 2DN^2 + \tfrac{1}{2}FH^2.$$

Hieraus entspringt, wenn man subtrahirt

$$x^2 = DF^2 + DH^2 + \tfrac{1}{2}(EG^2 - FH^2) - c^2.$$

Nun ist

$$DF^2 = b^2 + c^2 + 2bc\text{Cos}\alpha$$
$$DH^2 = a^2 + c^2 + 2ac\text{Cos}\beta$$
$$EG^2 = a^2 + b^2 + 2ab\text{Cos}\gamma$$
$$FH^2 = a^2 + b^2 - 2ab\text{Cos}\gamma.$$

Diese Werthe substituire man oben und es entsteht

$$x^2 = a^2 + b^2 + c^2 + 2ab\text{Cos}\gamma + 2ac\text{Cos}\beta + 2bc\text{Cos}\alpha;$$

damit ist die Aufgabe gelöst.

Die Diagonalen des Parallelepipedums, welche durch die Ecken F, G, H gehen, seien beziehlich x_I, x_{II}, x_{III}, und es ist

$$x_I^2 = a^2 + b^2 + c^2 - 2ab\text{Cos}\gamma - 2ac\text{Cos}\beta + 2bc\text{Cos}\alpha$$
$$x_{II}^2 = a^2 + b^2 + c^2 + 2ab\text{Cos}\gamma - 2ac\text{Cos}\beta - 2bc\text{Cos}\alpha$$
$$x_{III}^2 = a^2 + b^2 + c^2 - 2ab\text{Cos}\gamma + 2ac\text{Cos}\beta - 2bc\text{Cos}\alpha;$$

daher folgt

$$x^2 + x_I^2 + x_{II}^2 + x_{III}^2 = 4(a^2 + b^2 + c^2),$$

d. h. die Summe der Quadrate der 12 Kanten eines Parallelepipedums ist gleich der Summe der Quadrate der vier Diagonalen.

§. 188. Aufgabe.

Drei zusammenstoßende Kanten eines Parallelepipedums seien a, b, c, die Winkel, welche diese Kanten bilden, α, β, γ; man soll den Inhalt des Parallelepipedums berechnen.

Auflösung. Die Winkel α, β, γ mögen beziehlich den Kanten a, b, c gegenüberstehen, und es bezeichne D den Punkt, in welchem die gegebenen drei Kanten zusammenstoßen. Auf der Kante c nehme man DE gleich 1, und fälle von E aus eine Normale EF auf die gegenüberstehende Ebene der Kanten a und b. Die Ebene werde in F getroffen. Von F aus fälle man eine Normale FG auf a und eine FH auf b, und diese Kanten mögen beziehlich in G und H getroffen werden. Der Winkel EDF, welchen die Kante c mit der gegenüberstehenden Ebene, GDH bildet, sei durch x bezeichnet, den Winkel FDG bezeichne y, der Winkel FDH ist dann $\pm(\gamma - y)$. Man hat nun $DF \operatorname{Cos} y = DG$, oder

$$1) \quad \operatorname{Cos} x \operatorname{Cos} y = \operatorname{Cos} \beta$$

und $DF \operatorname{Cos}(\gamma - y) = DH$, oder

$$2) \quad \operatorname{Cos} x \operatorname{Cos}(\gamma - y) = \operatorname{Cos} \alpha.$$

Die Division dieser Gleichungen liefert

$$\operatorname{Cos}\alpha \operatorname{Cos} y = \operatorname{Cos}\beta \operatorname{Cos}\gamma \operatorname{Cos} y + \operatorname{Cos}\beta \operatorname{Sin}\gamma \operatorname{Sin} y$$

oder

$$(\operatorname{Cos}\alpha - \operatorname{Cos}\beta \operatorname{Cos}\gamma)^2 \operatorname{Cos} y^2 = \operatorname{Cos}\beta^2 \operatorname{Sin}\gamma^2 (1 - \operatorname{Cos} y^2)$$

oder, indem man aus 1) den Werth für Cos y substituirt

$$(\operatorname{Cos}\alpha - \operatorname{Cos}\beta \operatorname{Cos}\gamma)^2 = \operatorname{Sin}\gamma^2 (\operatorname{Cos} x^2 - \operatorname{Cos}\beta^2)$$
$$= \operatorname{Sin}\gamma^2 (\operatorname{Sin}\beta^2 - \operatorname{Sin} x^2)$$
$$\operatorname{Sin}\gamma^2 \operatorname{Sin} x^2 = \operatorname{Sin}\beta^2 \operatorname{Sin}\gamma^2 - (\operatorname{Cos}\alpha - \operatorname{Cos}\beta \operatorname{Cos}\gamma)^2$$
$$= [\operatorname{Cos}\alpha - \operatorname{Cos}(\beta + \gamma)][\operatorname{Cos}(\beta - \gamma) - \operatorname{Cos}\alpha]$$
$$= 4 \operatorname{Sin}\frac{\alpha+\beta+\gamma}{2} \operatorname{Sin}\frac{\alpha+\beta-\gamma}{2} \operatorname{Sin}\frac{\alpha-\beta+\gamma}{2} \operatorname{Sin}\frac{-\alpha+\beta+\gamma}{2}.$$

Man betrachte das Parallelogramm aus den Kanten a und b als Grundebene des Parallelepipedums, so ist $ab \operatorname{Sin}\gamma$ der Inhalt der Grundebene und $c \operatorname{Sin} x$ die Höhe des Parallelepipedums, und sein Inhalt drückt sich aus durch $abc \operatorname{Sin}\gamma \operatorname{Sin} x$, oder durch

$$2abc \sqrt{\operatorname{Sin}\frac{\alpha+\beta+\gamma}{2} \operatorname{Sin}\frac{\alpha+\beta-\gamma}{2} \operatorname{Sin}\frac{\alpha-\beta+\gamma}{2} \operatorname{Sin}\frac{-\alpha+\beta+\gamma}{2}}.$$

§. 189. Aufgabe.

Drei zusammenstoßende Kanten einer dreiseitigen Pyramide seien a, b, c, die Winkel, welche diese Kanten bilden, α, β, γ, man soll den Inhalt der Pyramide bestimmen.

Auflösung. Die Pyramide ist der dritte Theil des

dreiseitigen Prismas, welches mit ihm gleiche Grundfläche und gleiche Höhe hat, mithin der sechste Theil des Parallelepipedums, welches mit ihm gleiche Höhe hat, dessen Grundebene aber das doppelte ist von der der Pyramide. Nach dem vorigen Paragraphen hat man daher den Inhalt der Pyramide gleich

$$\tfrac{1}{3}abc\sqrt{\operatorname{Sin}\frac{\alpha+\beta+\gamma}{2}\operatorname{Sin}\frac{\alpha+\beta-\gamma}{2}\operatorname{Sin}\frac{\alpha-\beta+\gamma}{2}\operatorname{Sin}\frac{-\alpha+\beta+\gamma}{2}}.$$

§. 190. Aufgabe.

Die beiden Grundebenen a und b und die Höhe h einer abgekürzten Pyramide sind gegeben; man soll durch eine Ebene, welche mit den Grundebenen parallel ist, die abgekürzte Pyramide in zwei Theile theilen, und der an der größeren Grundebene a liegende Theil soll $\frac{p}{q}$ der abgekürzten Pyramide betragen. In welcher Entfernung von der größeren Grundebene ist die abgekürzte Pyramide durch die Theilungsebene zu durchschneiden, und welchen Inhalt hat die Durchschnittsebene?

Auflösung. Die Entfernung der Theilungsebene von der größeren Grundebene sei x, der Inhalt der Durchschnittsebene y, die Höhe der Ergänzungspyramide sei z. Mat hat die Gleichungen:

$$1)\qquad (a+\sqrt{ay}+y)x=\frac{p}{q}(a+\sqrt{ab}+b)h,$$

$$2)\qquad a:y=(h+z)^2:(h+z-x)^2,$$

$$3)\qquad a:b=(h+z)^2:z^2.$$

Aus 3) folgt
$$\sqrt{a}:\sqrt{b}=h+z:z$$
$$\sqrt{a}-\sqrt{b}:\sqrt{a}=h:h+z,$$

$$4)\qquad h+z=\frac{h\sqrt{a}}{\sqrt{a}-\sqrt{b}}.$$

Aus 2) folgt
$$\sqrt{a}:\sqrt{y}=h:z:h+z-x$$
$$\sqrt{a}-\sqrt{y}:\sqrt{a}=x:h+z$$
$$x=\frac{\sqrt{a}-\sqrt{y}}{\sqrt{a}}(h+z),$$

oder, wenn man den Werth für h + z aus 4) setzt,

$$5)\qquad x=\frac{\sqrt{a}-\sqrt{y}}{\sqrt{a}-\sqrt{b}}h.$$

Diesen Werth substituire man in 1) statt x. Es entsteht, wenn man h hebt, und die Gleichung mit $\sqrt{a}-\sqrt{b}$ multiplicirt,

$$(a+\sqrt{ay}+y)(\sqrt{a}-\sqrt{y})=\frac{p}{q}(a+\sqrt{ab}+b)(\sqrt{a}-\sqrt{b})$$

oder
$$a\sqrt{a}-y\sqrt{y}=\frac{p}{q}(a\sqrt{a}-b\sqrt{b})$$

$$y\sqrt{y}=\sqrt{y^3}=a\sqrt{a}-\frac{p}{q}(a\sqrt{a}-b\sqrt{b}$$

$$y=\sqrt[3]{\left[a\sqrt{a}-\frac{p}{q}a\sqrt{a}-b\sqrt{b})\right]^2}.$$

Nach 5) ist

$$x=\frac{h}{\sqrt{a}-\sqrt{b}}(\sqrt{a}-\sqrt{y})$$

und dies liefert, wenn man für y den Werth setzt

$$x=\frac{h}{\sqrt{a}-\sqrt{b}}\left[\sqrt{a}-\sqrt[3]{a\sqrt{a}-\frac{p}{q}(a\sqrt{a}-b\sqrt{b}}\right].$$

§. 191. Aufgaben.

1) Es soll ein Cylinder angefertigt werden, dessen Inhalt a und dessen Oberfläche b ist, wie groß ist der Radius der Grundebene, und wie groß ist die Höhe zu nehmen?

Auflösung. Der Radius der Grundebene sei x, die Höhe y. Alsdann ist

1) $\pi x^2 y=a$

2) $2\pi x^2+2\pi xy=b.$

Aus 1) folgt $\pi xy=\frac{a}{x}.$

Diesen Werth setze man in 2); das liefert

$$2\pi x^2+2\frac{a}{x}=b$$

und hieraus folgt

$$x^3-\frac{b}{2\pi}x+\frac{a}{\pi}=0.$$

Eine Gleichung, deren Auflösung zu verschieben ist auf Fälle, in welchen a und b in bestimmten Zahlen gegeben sind.

2) Ein normaler Cylinder soll den Inhalt a erhalten, der Mantel und die eine Grundebene sollen c ausmachen; wie groß ist der Radius der Grundebene und die Höhe des Cylinders?

Auflösung. Der Radius sei x, die Höhe y. Dann ist

1) $\pi x^2 y=a$

2) $\pi x^2+2\pi xy=c.$

Aus 1) folgt $\pi xy = \frac{a}{x}$.

Dies in 2) gesetzt liefert

$$x^3 - \frac{c}{\pi}x + \frac{2a}{\pi} = 0.$$

3) Ein normaler Cylinder soll den Inhalt a bekommen, der Mantel soll d werden, wie groß sind der Radius der Grundebene und die Höhe zu nehmen.

Auflösung. Der Radius der Grundebene sei x, die Höhe y. Dann ist

$$1)\qquad \pi x^2 y = a$$

$$2)\qquad 2\pi xy = d.$$

Man dividire die erste Gleichung durch die zweite; das liefert

$$x = \frac{2a}{d}$$

und wenn man diesen Werth in 2) substituirt, entsteht

$$y = \frac{d^2}{4\pi a}.$$

§. 192. Aufgaben.

1) Der Inhalt eines normalen Cylinders soll a werden, wie sind die Abmessungen zu nehmen, damit seine Oberfläche am kleinsten ausfalle?

Auflösung. Der Radius der Grundebene sei x, die Höhe y. Dann ist

$$1)\qquad \pi x^2 y = a.$$

Die Oberfläche drückt sich aus durch

$$2)\qquad 2\pi x^2 + 2\pi xy.$$

Aus 1) folgt $\pi xy = \frac{a}{x}$.

Dies in 2) gesetzt, liefert die Oberfläche

$$2\pi x^2 + 2\frac{a}{x},\ \text{oder}\ 2\left(\pi x^2 + \frac{a}{x}\right),$$

welches durch $2f_x$ bezeichnet werden mag.

Es ist $\partial f = 2\pi x - \frac{a}{x^2}$.

Aus $2\pi x - \frac{a}{x^2} = 0$

folgt $x = \sqrt[3]{\frac{a}{2\pi}}$.

und setzt man diesen Werth in 1), so entsteht

$$y = \sqrt[3]{\frac{a}{2\pi}}.$$

Es ist demnach $y = 2x$, d. h. die Höhe des Cylinders muß gleich dem Durchmesser der Grundebenen genommen werden, wenn die Oberfläche am kleinsten ausfallen soll.

2) Ein normaler Cylinder soll den Inhalt a erhalten, wie viel Oberfläche muß wenigstens gegeben werden, damit der Cylinder herzustellen sei.

Auflösung. Die Oberfläche, welche mindestens gegeben werden muß, wird erhalten in der Oberfläche des Cylinders, welcher den Inhalt a und dabei die kleinste Oberfläche hat. Nach der vorangegangenen Nummer ist der Radius der Grundebene dieses Cylinders $\sqrt[3]{\frac{a}{2\pi}}$, die Höhe $2\sqrt[3]{\frac{a}{2\pi}}$, daher seine Oberfläche:

$$2\pi\sqrt[3]{\frac{a^2}{4\pi^2}} + 2\pi\sqrt[3]{\frac{a}{2\pi}} \cdot 2\sqrt[3]{\frac{a}{2\pi}} = 6\pi\sqrt[3]{\frac{a^2}{4\pi^2}}$$

oder $$3\sqrt[3]{2\pi a^2}.$$

Soll also ein normaler Cylinder den Inhalt a bekommen, so bedarf es zu seiner Oberfläche wenigstens $3\sqrt[3]{2\pi a^2}$.

Der Mantel des normalen Cylinders vom Inhalt a und der kleinsten Oberfläche drückt sich aus durch

$$2\pi\sqrt[3]{\frac{a}{2\pi}} \cdot 2\sqrt[3]{\frac{a}{4\pi}} = 4\pi\sqrt[3]{\frac{a^2}{4\pi^2}}.$$

Die beiden Grundebenen zusammengenommen sind gleich

$$2\pi\sqrt[3]{\frac{a^2}{4\pi^2}}.$$

Daher ist beim normalen Cylinder von der kleinsten Oberfläche der Mantel das Doppelte von den beiden Grundebenen.

3) Die Oberfläche eines normalen Cylinders ist gleich b gegeben, welches ist der größte Inhalt, den der Cylinder erhalten kann?

Auflösung. Man berechne zuvörderst die Abmessungen des normalen Cylinders, dessen Oberfläche b ist, und der bei dieser Oberfläche den größten Inhalt darbietet; und berechne hierauf den Inhalt dieses Cylinders. Der Radius der Grundebene sei x, die Höhe y; dann ist

1) $$2\pi x^2 + 2\pi xy = b$$

und der Inhalt drückt sich aus durch

2) $\pi x^2 y$.

Aus 1) folgt $\pi xy = \frac{b}{2} - \pi x^2$.

Man setze diesen Werth in 2); das liefert für den Inhalt die Function

$$\tfrac{1}{2}bx - \pi x^3,$$

welche f_x bezeichnen mag.

Es ist $\partial f_x = \tfrac{1}{2}b - 3\pi x^2$.

Aus $\tfrac{1}{2}b - 3\pi x^2 = 0$

ergiebt sich $x = \sqrt{\frac{b}{6\pi}}$.

Der Werth für x werde in 1) substituirt. Es entsteht

$$\frac{b}{3} + 2\pi\sqrt{\frac{b}{6\pi}}\, y = b$$

$$y = 2\sqrt{\frac{b}{6\pi}}.$$

Der Inhalt des Cylinders ist nun

$$\pi\frac{b}{6\pi}2\sqrt{\frac{b}{6\pi}} \text{ oder } \frac{b}{3}\sqrt{\frac{b}{6\pi}}.$$

Der größte Inhalt also, welchen ein normaler Cylinder bekommen kann, dessen Oberfläche b sein soll, ist $\frac{b}{3}\sqrt{\frac{b}{6\pi}}$.

Der normale Cylinder, welcher bei seinem Inhalt die kleinste Oberfläche hat, bietet bei seiner Oberfläche zugleich den größten Inhalt dar. Man konnte daher die vorige Nummer benutzen und die Aufgabe sehr einfach lösen, indem man

$$3\sqrt[3]{2\pi a^3} = b$$

setzte und aus der Gleichung a entwickelte. Und es ergiebt sich für den Inhalt a

$$\sqrt{\left(\frac{b}{3}\right)^3 : 2\pi}$$

$$\text{oder } \frac{b}{3}\sqrt{\frac{b}{6\pi}},$$

welches mit dem schon gefundenen Resultat übereinstimmt.

4) Der Inhalt eines normalen Cylinders soll a werden. Wie sind die Abmessungen des Cylinders zu nehmen, damit der Mantel und eine der Grundebenen zusammengenommen

am kleinsten ausfallen. (Der Cylinder soll an der einen Seite offen bleiben, ihm soll die eine Grundebene fehlen.)

Auflösung. Der Radius der Grundebene sei x, die Höhe des Cylinders y. Dann ist

1) $$\pi x^2 y = a.$$

Die Summe des Mantels und der einen Grundebene ist

2) $$\pi x^2 + 2\pi xy.$$

Aus 1) folgt $$\pi xy = \frac{a}{x}.$$

Dies werde in 2) substituirt; dadurch entsteht für die Summe des Mantels und der einen Grundebene

$$\pi x^2 + 2\frac{a}{x},$$

welches f_x bezeichnen mag.

Es ist $$\partial f_x = 2\pi x - 2\frac{a}{x^2}.$$

Aus $$2\pi x - 2\frac{a}{x^2} = 0$$

folgt $$x = \sqrt[3]{\frac{a}{\pi}}.$$

Nach 1) ist $$y = \frac{a}{\pi x^2}$$

und wenn man für x den Werth setzt, entsteht

$$y = \sqrt[3]{\frac{a}{\pi}}.$$

Demnach muß der Radius der Grundebene gleich der Höhe des Cylinders sein.

5) Welche Fläche muß für den Mantel und die eine Grundebene eines normalen Cylinders wenigstens gegeben werden, wenn der Cylinder den Inhalt a erhalten soll?

Auflösung. Die Fläche wird gefunden in der Summe des Mantels und der einen Grundebene desjenigen Cylinders, der den Inhalt a hat, und bei welchem die Summe des Mantels und der einen Grundebene am kleinsten ist. Nach der vorigen Nummer ist der Radius der Grundebene dieses Cylinders $\sqrt[3]{\frac{a}{\pi}}$, die Höhe ebenfalls $\sqrt[3]{\frac{a}{\pi}}$, daher die Summe des Mantels und der einen Grundebene

$$\pi\sqrt[3]{\frac{a^2}{\pi^2}} + 2\pi\sqrt[3]{\frac{a}{\pi}}\sqrt[3]{\frac{a}{\pi}},$$

welches gleich ist $$3\pi\sqrt{\frac{a^2}{\pi^2}}$$

oder $$3\sqrt[3]{\pi a^2}.$$

Für einen normalen Cylinder, dem die eine Grundebene fehlt und der den Inhalt a erhalten soll, bedarf es also an Oberfläche wenigstens $3\sqrt[3]{\pi a^2}$.

6) Für einen normalen Cylinder, dem die eine Grundebene fehlen soll, ist die Oberfläche b gegeben, man soll bestimmen, welchen Inhalt der Cylinder höchstens bekommen kann.

Auflösung. Hat der Cylinder bei der Oberfläche b den größten Inhalt, so hat er zugleich bei diesem Inhalt die kleinste Oberfläche. Man setze daher nach der vorigen Nummer

$$3\sqrt[3]{\pi a^2} = b$$

und entwickele den Inhalt a. Es entsteht für den Inhalt

$$\frac{b}{3}\sqrt{\frac{b}{3\pi}},$$

d. h. der größte Inhalt, welcher diesem Cylinder gegeben werden kann, ist $\frac{b}{3}\sqrt{\frac{b}{3\pi}}$.

§. 193. Aufgabe.

Von einem normalen Cylinder ist der Radius r der Grundebene und die Höhe h gegeben. Durch eine Ebene, welche mit der Achse des Cylinders parallel geht, ist der Cylinder in zwei Theile getheilt. Die Entfernung dieser Ebene von der Achse ist a. Man soll die Inhalte der beiden Theile berechnen, und die Oberfläche eines jeden.

Auflösung. Jeder von den Theilen ist ein cylindrischer Körper. Der Inhalt eines solchen ist das Product aus Grundebene und Höhe. Die Grundebenen der zu berechnenden Körper sind Kreisabschnitte. Ihr Radius ist r und die Entfernung der Sehne vom Mittelpunkt ist a. Die Höhe eines jeden der Körper ist h. Die Kreisabschnitte müssen zunächst berechnet werden. Der zum kleineren Abschnitt gehörende Mittelpunktswinkel sei α. Dieser Winkel bestimmt sich durch die Gleichung

$$\mathrm{Cos}\frac{\alpha}{2} = \frac{r}{a}.$$

Der kleinere Kreisabschnitt ist alsdann

$$\frac{r^2}{2}\left(\pi\frac{\alpha}{180} - \mathrm{Sin}\,\alpha\right),$$

der größere $\frac{r^2}{2}\left(\pi\frac{360-\alpha}{180}+\operatorname{Sin}\alpha\right)$.

Daher ist der Inhalt des einen Körpers gleich

$$\frac{r^2}{2}\left(\pi\frac{\alpha}{180}-\operatorname{Sin}\alpha\right)h,$$

der des anderen $\frac{r^2}{2}\left(\pi\frac{360-\alpha}{180}+\operatorname{Sin}\alpha\right)h$.

Die Oberfläche eines jeden der Körper besteht aus zweien congruenten Kreisabschnitten, aus einem Rechteck, dessen eine Seite die Sehne dieser Kreisabschnitte, dessen andere die Höhe h ist, und aus einem Theil des Cylindermantels. — Die Kreisabschnitte sind bereits berechnet. Den Inhalt des Rechtecks anzugeben, bedarf es der Sehne. Für die Sehne y hat man die Gleichung

$$\left(\frac{y}{2}\right)^2 = r^2 - a^2.$$

Daraus folgt $y = 2\sqrt{r^2 - a^2}$.

Das Rechteck ist daher gleich $2h\sqrt{r^2-a^2}$. Der Theil des Cylindermantels ist das Product aus dem begränzenden Kreisbogen und der Höhe h. Der kleinere Kreisbogen ist

$$\pi\frac{\alpha}{180}r,$$

der größere $\pi\frac{360-\alpha}{360}r$.

Die krumme Fläche, welche den kleineren Körper begränzt, ist daher

$$\pi\frac{\alpha}{180}rh,$$

die, welche den größeren begränzt,

$$\pi\frac{360-\alpha}{360}rh.$$

Und die Oberflächen der beiden Körper können jetzt leicht angegeben werden.

§. 194. Aufgabe.

Von einem kreisförmigen Gewölbe Fig. 14 ist die halbe Weite im Lichten a, die Höhe im Lichten h, die Stärke c, und die Länge d gegeben, man soll den Inhalt der Ueberwölbung bestimmen.

Auflösung. Der Körper, dessen Inhalt zu berechnen ist, gehört zu den cylindrischen Körpern. Der Inhalt findet sich daher in dem Product aus der Grundebene und der Höhe. Die Grundebene ist ein Ringstück; die Höhe ist d. — Das Ringstück zu berechnen, bedarf es der Halbmesser seiner Kreise und des Mittelpunktswinkels. Der kleinere Radius sei x. Für diesen bietet sich die Gleichung dar

$$h:a = a:2x - h.$$

Aus ihr folgt $2hx - h^2 = a^2$,

daher 1) $x = \frac{a^2 + h^2}{2h}$.

Der Mittelpunktswinkel α bestimmt sich durch die Gleichung

$$\operatorname{Sin}\frac{\alpha}{2} = \frac{a}{x}$$

oder, wennman für x den Werth setzt,

$$2)\quad \operatorname{Sin}\frac{\alpha}{2} = \frac{2ah}{a^2 + h^2}.$$

Der größere Radius ist c + x. Der Inhalt des größeren Kreisausschnittes drückt sich aus durch

$$\pi\frac{a}{360}(c + x)^2,$$

der des kleineren durch

$$\pi\frac{a}{360}x^2.$$

Der Inhalt des Ringstücks ist demnach

$$\pi\frac{a}{360}\left[(c + x)^2 - x^2\right]$$

$$\text{oder } \pi\frac{\alpha}{360}(c + 2x)c$$

oder, wenn man für x den Werth aus 1) setzt,

$$3)\quad \pi\frac{a}{360}\cdot\frac{a^2 + h^2 + ch}{h}c.$$

Daher ist endlich der Cubikinhalt der Gewölbsteine

$$\pi\frac{\alpha}{360}\cdot\frac{a^2 + h^2 + ch}{h}cd.$$

§. 195.

Es sei BGFE Fig. 15 ein Rechteck. In ihm ist die Diagonale BF gezogen. Der Winkel GBF ist durch die Linie BK, der Winkel GFB durch die Linie FK in zwei gleiche Theile getheilt. Von dem Durchschnittspunkt K der beiden Halbirungslinien ist die Linie KL normal zur Diagonale construirt, und verlängert bis zum Durchschnitt M mit der Verlängerung von FE.

Bei dieser Construction wird LB gleich LK, und MK gleich MF. Es ist nämlich

$$\angle BKL + \angle KBF = R$$
$$\angle KBL + \angle KBG = R$$

und da die Winkel KBF und KBG einander gleich sind, so folgt

$$\angle BKL = \angle KBL.$$

Daher ist LB gleich LK. Ferner ist

$$\angle FKM + \angle KFB = R$$
$$\angle KFM + \angle KFG = R,$$

dabei der Winkel KFB gleich dem Winkel KFG, also

$$\angle FKM = KFM$$

und deshalb MK gleich MF.

Von L aus ist mit LB als Radius der Bogen BK beschrieben, von M aus mit MK als Radius der Bogen KF. Die beiden Kreisbogen haben in K eine gemeinschaftliche Tangente, gehen also stetig in einander über. Der Bogen BK wird von GB berührt, der Bogen KF von GF. Die krumme Linie BKF wiederholt sich rechts; und die ganze Curve erscheint aus drei Kreisbogen BK, KP, PQ, von welchem BK und PQ congruent sind, zusammengesetzt.

Die krumme Linie BKFPQ sei als die Bogenlinie eines Gewölbes benutzt. Die Stirnfläche des Gewölbes zu erhalten, sind zu den erwähnten Kreisbogen concentrische Kreisbogen beschrieben, deren Halbmesser dadurch gebildet wurden, daß man die Halbmesser der erstern Bogen um die Stärke des Gewölbes verlängerte.

Die halbe Weite im Lichten sei gleich a, die Höhe des Gewölbes im Lichten h, die Stärke c, und die Länge d gegeben, man soll den Inhalt des Gewölbes berechnen.

Der cylindrische Körper, dessen Inhalt zu ermitteln ist, hat zur Grundebene die Stirnfläche, zur Höhe d. Die Stirnfläche besteht aus drei Ringstücken. Diese zu berechnen bedarf es der Halbmesser und der Mittelpunktswinkel.

Es ist
$$\mathrm{Tg}\,FBE = \frac{h}{a}$$
und, da $\angle FBE + \varphi = 90^0$, so folgt
$$\mathrm{Cotg}\,\varphi = \frac{h}{a}.$$
Dann ist
$$\lambda = 2(90 - \varphi).$$
Hierdurch sind die Mittelpunktswinkel φ und λ bestimmt.

Zur Bestimmung der Radien x und y können die Dreiecke FBE und LME dienen. Diese Dreiecke sind ähnlich, denn jedes ist rechtwinklig und die Winkel FBE und LME sind gleich, weil jeder den Winkel φ zu einem rechten Winkel ergänzt. Daher verhält sich:

$$h:BF = LE:LM$$
$$h:\ \ a = LE:EM.$$

Es ist aber, wie leicht erhellet,

$$LE = a - x$$
$$LM = y - x$$
$$EM = y - h.$$

Diese Werthe setze man in die Proportionen; dadurch entsteht:

$$h:BF = a - x : y - x$$
$$h:\ \ a = a - x : y - h.$$

Hieraus folgt

$$1)\quad hy - hx = aBF - BFx,$$
$$2)\quad hy - h^2 = a^2 - ax.$$

Man subtrahire die zweite Gleichung von der ersten; dadurch entsteht

$$h^2 - hx = aBF - BFx - a^2 + ax$$

oder
$$(a + h - BF)x = a^2 + h^2 - aBF$$

und es folgt
$$x = \frac{a^3 + h^2 - aBF}{a + h - BF}.$$

Für BF hat man die Gleichung $a^2 + h^2 = BF^2$; und wenn man hieraus den Werth von BF entnimmt und substituirt, ergiebt sich

$$x = \frac{a^2 + h^2 - a\sqrt{a^2 + h^2}}{a + h - \sqrt{a^2 + h^2}} = \frac{a^2 + h^2 - (a - h)\sqrt{a^2 + h^2}}{2a}.$$

Um y zu finden, kehre man zu der zweiten der oberen Gleichungen zurück. Aus derselben folgt

$$x = \frac{a^2 + h^2 - hy}{a}.$$

Diesen Werth von x setze man dem oben gefundenen gleich; dadurch entsteht

$$\frac{a^2 + h^2 - (a - h)\sqrt{a^2 + h^2}}{2a} = \frac{a^2 + h^2 - hy}{a}$$

und hieraus folgt

$$y = \frac{a^2 + h^2 + (a - h)\sqrt{a^2 + h^2}}{2h}.$$

Das Ringstück zum Mittelpunktswinkel φ drückt sich aus durch

$$\pi \frac{\varphi}{360}\left[(c + x)^2 - x^2\right],$$

welches gleich ist

$$\frac{\pi\varphi}{360}(c+2x)c.$$

Das Ringstück zum Mittelpunktswinkel λ ist gleich

$$\pi\frac{\lambda}{360}c+2y)c.$$

Die Stirnfläche des Gewölbes enthält zweimal das Ringstück zum Mittelpunktswinkel φ, und das zum Mittelpunktswinkel λ. Sie ist daher gleich

$$\frac{\pi c}{360}\left[2\varphi(c+2x)+\lambda(c+2y)\right].$$

Und der Inhalt des Gewölbes endlich drückt sich aus durch

$$\frac{\pi c d}{360}\times$$

$$\left[2\varphi\left(c+\frac{a^2+h^2-(a-h)\sqrt{a^2+h^2}}{a}\right)+\lambda\left(c+\frac{a^2+h^2+(a-h)\sqrt{a^2+h^2}}{h}\right)\right].$$

Die Maaße φ und λ müssen hierbei auf Grade reducirt sein, so lange man vorn 360 beibehält. Indessen dürfen φ und λ auch auf jede andere Einheit reducirt werden, wenn man nur 360 auf dieselbe Einheit bringt.

§. 196.

Es ist Fig. 16 die halbe Weite im Lichten a, die Höhe im Lichten h, die Stärke des Gewölbes c, die Länge d gegeben; man soll erstens die Korblinie BLGNQ construiren, so, daß sie aus drei Kreisbogen zusammengesetzt sei, deren jeder zum Mittelpunktswinkel 60^0 hat, und zweitens den Inhalt der Ueberwölbung berechnen.

Man nehme zuvörderst an, die Construction sei ausgeführt, und die drei Mittelpunkte seien M, P, S. In dem Punkte L gehen der Bogen BL und der nächstfolgende Bogen stetig in einander über. Das Dreieck BLM ist gleichwinklig, daher auch gleichseitig. Das Dreieck LGP ist gleichschenklig. Man ziehe von E aus die Linie EK parallel mit PL, und verlängere EK bis zum Durchschnitt F mit der Verlängerung von BL. Das Dreieck BFE ist dem Dreieck BLM ähnlich, also gleichseitig; das Dreieck KGE ist dem Dreieck LGP ähnlich, daher gleichschenklig.

Hiernach ergiebt sich folgende Construction: Man nehme BE gleich der halben gegebenen Weite a, EG normal auf BE und gleich der gegebenen Höhe h, construire über BE das gleichseitige Dreieck BFE, nehme EK gleich EG, ziehe GK, verlängere GK bis zum Durchschnitt L mit BF, ziehe LM parallel mit FE und verlängere LM bis zum Durchschnitt

P mit der Verlängerung von GE. Die Punkte M und P sind alsdann zwei Mittelpunkte; der dritte Mittelpunkt S wird erhalten, wenn man BE über E hinaus verlängert, und ES gleich EM nimmt. Der Radius des ersten Bogens BL ist MB; den zweiten Bogen zu erhalten, ziehe man PS, und beschreibe mit PL als Radius den Bogen LN bis zum Durchschnitt N mit PS; der dritte Bogen, welcher dem ersten congruent ist, hat SN zum Radius.

Die Radien der concentrischen äußeren Bogen werden erhalten, indem man die Radien der inneren Bogen um c verlängert.

Der Inhalt der Ueberwölbung ist das Product der Stirnfläche und der Länge d. Die Stirnfläche besteht aus drei Ringstücken. Der Radius MB sei x, der Radius PG sei y. Der Inhalt des Ringstückes zum Mittelpunkt M drückt sich aus durch

$$\pi \frac{60}{360}\left[(c+x^2)-x^2\right],$$

welches gleich ist $\frac{1}{6}\pi(c+2x)c.$

Das Ringstück zum zweiten Mittelpunkt P drückt sich aus durch

$$\tfrac{1}{6}\pi(c+2y)c.$$

Das Ringstück zum Mittelpunkt S ist gleich dem ersten. Der Inhalt der Stirnfläche ist demnach

$$\tfrac{1}{6}\pi c[2(c+2x)+c+2y].$$

Es sind noch die Radien zu bestimmen.

Das Stück MQ ist gleich y; denn es ist MP + ML gleich y, und es ist MS gleich MP, und SQ gleich ML. Daher hat man

$$1)\qquad x+y=2a.$$

Das Dreieck MSP ist gleichseitig, daher ist

$$MP=2ME=2(a-x)$$

und da $MP^2=ME^2+PE^2$, so hat man die Gleichung

$$2)\qquad 4(a-x)^2=(a-x)^2+(y-h)^2.$$

Hieraus folgt, wenn man den Werth für y aus 1) substituirt,

$$3(a-x)^2=(2a-x-h)^2$$

und diese Gleichung liefert

$$(a-x)\sqrt{3}=2a-x-h$$
$$(a-x)\sqrt{3}=a-x+a-h$$
$$a-x=\frac{a-h}{\sqrt{3}-1}$$

$$a-x=\frac{(a-h)\sqrt{3}+a-h}{2}$$

$$x=a-\frac{(a-h)\sqrt{3}+a-h}{2}$$

$$\text{oder } x=\frac{a+h-(a-h)\sqrt{3}}{2}.$$

Für den Inhalt der Stirnfläche hatte sich oben ergeben

$$\tfrac{1}{8}\pi c[2(c+2x)+c+2y].$$

Dies ist einerlei mit

$$\tfrac{1}{8}\pi c[3c+2(x+y)+2x].$$

Statt $x+y$ setze man $2a$, nach 1), und für x den gefundenen Werth, dadurch entsteht für die Stirnfläche

$$\tfrac{1}{8}\pi c[5a+3c+h-(a-h)\sqrt{3}].$$

Und der Inhalt der Ueberwölbung ist dann

$$\tfrac{1}{8}\pi cd[5a+3c+h-(a-h)\sqrt{3}].$$

§. 197.

Es sei Fig. 17 die halbe lichte Weite gleich a gegeben, die lichte Höhe h, die Stärke des Gewölbes c und die Länge d: man soll erstens den Korbbogen construiren, so, daß er aus drei Kreisbogen zusammengesetzt sei, von welchen der mittlere den Mittelpunktswinkel α habe, und soll zweitens den Inhalt der Ueberwölbung berechnen.

Man denke die Construction ausgeführt. Die drei Mittelpunkte seien M, P, S. In L mögen der Bogen BL und der folgende Bogen stetig in einander übergehen. Das Dreieck BLM ist gleichschenklig, eben so das Dreieck LPG, und der Winkel LPG ist $\frac{\alpha}{2}$. Man ziehe von E aus die Linie EK parallel mit PL und verlängere EK bis zum Durchschnitt F mit der Verlängerung von BL. Das Dreieck BFE wird dem Dreieck BLM ähnlich, also gleichschenklig, daher EF gleich EB. Das Dreieck EKG wird dem Dreieck PLG ähnlich, daher gleichschenklig, KE gleich GE, und der Winkel KEG gleich $\frac{\alpha}{2}$.

Hieraus erhellet folgende Construction: Man mache EB gleich der gegebenen halben lichten Weite a, construire GE normal auf BE und gleich h, ziehe von E aus die Linie EF unter dem Winkel $\frac{\alpha}{2}$ gegen EG geneigt, nehme EF gleich EB, ziehe BF, nehme EK gleich EG, ziehe GK, verlängere GK bis zum Durchschnitt L mit BF, ziehe LM parallel mit FE, und verlängere LM bis zum Durchschnitt P mit der Verlängerung von GE. M und P sind zwei Mittelpunkte. Das Weitere der Construction ist leicht zu erkennen.

Die Radien x und y zu bestimmen, dienen die Gleichungen:

$$PM \operatorname{Sin}\frac{\alpha}{2} = ME$$

$$PM \operatorname{Cos}\frac{\alpha}{2} = PE$$

oder weil $PM = y - x$ ist, $ME = a - x$, und $PE = y - h$.

$$1) \qquad (y - x)\operatorname{Sin}\frac{\alpha}{2} = a - x,$$

$$2) \qquad (y - x)\operatorname{Cos}\frac{\alpha}{2} = y - h.$$

Aus diesen Gleichungen folgt

$$3) \qquad y\operatorname{Sin}\frac{\alpha}{2} + \left(1 - \operatorname{Sin}\frac{\alpha}{2}\right)x = a,$$

$$4) \qquad \left(1 - \operatorname{Cos}\frac{\alpha}{2}\right)y + x\operatorname{Cos}\frac{\alpha}{2} = h.$$

Man erzeuge bei y gleiche Coefficienten und subtrahire alsdann die Gleichung 4) von der Gleichung 3); das liefert

$$x = \frac{a\left(1 - \operatorname{Cos}\frac{\alpha}{2}\right) - h\operatorname{Sin}\frac{\alpha}{2}}{1 - \operatorname{Cos}\frac{\alpha}{2} - \operatorname{Sin}\frac{\alpha}{2}}$$

oder, wenn man die Formeln $1 - \operatorname{Cos}\varphi = 2\operatorname{Sin}\frac{1}{2}\varphi^2$ und $\operatorname{Sin}\varphi = 2\operatorname{Sin}\frac{1}{2}\varphi\operatorname{Cos}\frac{1}{2}\varphi$ anwendet,

$$5) \qquad x = \frac{a\operatorname{Sin}\frac{\alpha}{4} - h\operatorname{Cos}\frac{\alpha}{4}}{\operatorname{Sin}\frac{\alpha}{4} - \operatorname{Cos}\frac{\alpha}{4}}.$$

Der Winkel BML ist $90^0 - \frac{\alpha}{2}$. Daher ist das Ringstück zum Mittelpunkt M gleich

$$\pi \frac{90^0 - \frac{\alpha}{2}}{360^0}(c+2x)c.$$

Das Ringstück zum Mittelpunkt P ist

$$\pi \frac{\alpha}{360^0}(c+2y)c.$$

Das dritte Ringstück ist dem ersten gleich. Die Stirnfläche drückt sich hiernach aus durch

$$\frac{\pi c}{360^0}\left[2\left(90^0-\frac{\alpha}{2}\right)(c+2x)+\alpha(c+2y)\right]$$

oder durch

$$\frac{\pi c}{360^0}\left[180^0(c+2x)+2\alpha(y-x)\right]$$

und der Inhalt der Ueberwölbung durch

$$6) \qquad \pi cd\left[\frac{\alpha}{180^0}(y-x)+\tfrac{1}{2}c+x\right].$$

Aus 1) ergiebt sich

$$y-x=\frac{a-x}{\operatorname{Sin}\frac{1}{2}\alpha}.$$

Man setze rechts den Werth für x aus 5), und es entsteht

$$y-x=\frac{h-a}{2\operatorname{Sin}\frac{\alpha}{4}}\cdot\frac{1}{\operatorname{Sin}\frac{\alpha}{4}-\operatorname{Cos}\frac{\alpha}{4}}.$$

In 6) substituire man diesen Werth für y—x, und für das letzte Glied x den Werth aus 5), und es ergiebt sich der Inhalt der Ueberwölbung gleich

$$\frac{\pi cd}{\operatorname{Cos}\frac{\alpha}{4}-\operatorname{Sin}\frac{\alpha}{4}}\left[\frac{\alpha}{360^0}\frac{a-h}{\operatorname{Sin}\frac{\alpha}{4}}-(a+\tfrac{1}{2}c)\operatorname{Sin}\frac{\alpha}{4}+(h+\tfrac{1}{2}c)\operatorname{Cos}\frac{\alpha}{4}\right].$$

§. 198. Aufgaben.

1) Ein normaler Kegel soll den Inhalt a und die Oberfläche b erhalten, wie groß ist der Radius der Grundebene und wie groß ist die Höhe des Kegels zu nehmen?

Auflösung. Der Radius der Grundebene sei x, die Höhe y. Dann ist die Seite des Kegels gleich $\sqrt{x^2+y^2}$, und man hat die Gleichungen

1) $\pi x^2 y = 3a,$

2) $\pi x^2 + \pi x\sqrt{x^2 + y^2} = b.$

Aus der zweiten Gleichung schaffe man die Wurzel fort; dadurch entsteht

$$\pi^2 x^4 + \pi^2 x^2 y^2 = b^2 - 2\pi b x^2 + \pi^2 x^4$$

oder 3) $\pi^2 x^2 y^2 = b^2 - 2\pi b x^2.$

Nach der Gleichung 1) ist

$$\pi x^2 = \frac{3a}{y}.$$

Diesen Werth substituire man in 3); das liefert

$$3\pi a y = b^2 - \frac{6ab}{y}$$

oder

$$y^2 - \frac{b^2}{3\pi a} y + \frac{2b}{\pi} = 0.$$

Hieraus folgt

$$y = \frac{b^2}{6\pi a} \pm \sqrt{\left(\frac{b^2}{6\pi a}\right)^2 - \frac{2b}{\pi}}.$$

Nach 1) ist

$$x^2 = \frac{3a}{\pi y} = \frac{3a}{\pi\left(\frac{b^2}{6\pi a} \pm \sqrt{\left(\frac{b^2}{6\pi a}\right)^2 - \frac{2b}{\pi}}\right)}$$

$$= \frac{3a\left(\frac{b^2}{6\pi a} \mp \sqrt{\left(\frac{b^2}{6\pi a}\right)^2 - \frac{2b}{\pi}}\right)}{2b}$$

Daher ist $x = \sqrt{\frac{3a}{2b}\left[\frac{b^2}{6\pi a} \mp \sqrt{\left(\frac{b^2}{6\pi a}\right)^2 - \frac{2b}{\pi}}\right]}.$

2) Ein normaler Kegel soll den Inhalt a erhalten, sein Mantel soll c werden, wie groß ist der Radius der Grundebene, wie groß die Höhe zu nehmen?

Auflösung. Der Radius der Grundebene sei x, die Höhe y. Dann ist

1) $\pi x^2 y = 3a,$

2) $\pi x\sqrt{x^2 + y^2} = c.$

Aus 2) folgt

3) $\pi^2 x^4 + \pi^2 x^2 y^2 = c^2.$

Nach 1) ist $$\pi x^2 = \frac{3a}{y}.$$

Diesen Werth substituire man in 3); das liefert

$$\frac{9a^2}{y^2} + 3\pi ay = c^2$$

oder

$$y^3 - \frac{c^2}{3\pi a} y^2 + \frac{3a}{\pi} = 0.$$

Nach 1) ist ferner $$\pi^2 y^2 = \frac{9a^2}{x^4}.$$

Dies in 3) substituirt, liefert

$$\pi^2 x^4 + \frac{9a^2}{x^2} = c^2$$

oder $$x^6 - \frac{c^2}{\pi^2} x^2 + \frac{9a^2}{\pi^2} = 0$$

oder wenn man $x^2 = z$ setzt,

$$z^3 - \frac{c^2}{\pi^2} z + \frac{9a^2}{\pi^2} = 0.$$

Die Auflösung der Gleichungen ist bis auf Fälle zu verschieben, in welchen a und b in numerischen Zahlen gegeben sind.

3) Ein normaler Kegel soll den Inhalt a bekommen, die Grundebene soll d sein, welches sind die Abmessungen?

Auflösung. Der Radius der Grundebene sei x, die Höhe y. Dann ist

$$\pi x^2 y = 3a$$
$$\pi x^2 = d,$$

daher $$x = \sqrt{\frac{d}{\pi}}$$

$$y = \frac{3a}{d}.$$

§. 199. Aufgaben.

1) Ein normaler Kegel soll den Inhalt a bekommen, wie sind der Radius seiner Grundebene und seine Höhe zu nehmen, damit die Oberfläche des Kegels am kleinsten ausfalle?

Auflösung. Der Radius der Grundebene sei x, die Höhe y. Hat ein normaler Kegel bei dem Inhalt a die Oberfläche b, so ist nach 1) im vorigen Paragraph die Höhe desselben gleich

$$\frac{b^2}{6\pi a} \pm \sqrt{\left(\frac{b^2}{6\pi a}\right)^2 - \frac{2b}{\pi}}.$$

Der Kegel ist nur so lange möglich, als dieser Ausdruck reel bleibt. Man erkennt leicht, daß die Oberfläche des Kegels niemals zu groß, wohl aber zu klein gegeben werden kann. Die kleinste Oberfläche q für den normalen Kegel zum Inhalt a ist daher diejenige, welche der Gleichung entspricht:

$$\left(\frac{q^2}{6\pi a}\right)^2 = \frac{2q}{\pi}.$$

Aus der Gleichung folgt

$$q = 2\sqrt[3]{9\pi a^2}.$$

Die Höhe unseres Kegels drückt sich nach dem Bisherigen aus durch $\frac{b^2}{6\pi a}$, wenn unter b die kleinste Oberfläche des Kegels verstanden wird. Diese ist $2\sqrt[3]{9\pi a^2}$. Daher hat man

$$y = \frac{4\sqrt[3]{9^2\pi^2 a^4}}{6\pi a}$$

oder

$$y = 2\sqrt[3]{\frac{3a}{\pi}}.$$

Zur Bestimmung des Radius x dient die Gleichung

$$\pi x^2 y = 3a.$$

Daraus ist

$$x^2 = \frac{3a}{\pi y}$$

oder, wenn man statt y den Werth setzt,

$$x^2 = \frac{3a}{2\pi}\sqrt[3]{\frac{\pi}{3a}}$$

oder

$$x^2 = \tfrac{1}{2}\sqrt[3]{\left(\frac{3a}{\pi}\right)^2}.$$

Daher ist

$$x = \frac{1}{\sqrt{2}}\sqrt[3]{\frac{3a}{\pi}}.$$

Es verhält sich hiernach

$$x : y = 1 : 2\sqrt{2}.$$

Die Seite z des Kegels ist $\sqrt{x^2 + y^2}$. Setzt man x

gleich 1, so ist $$z = \sqrt{1+8}$$
oder $$z = 3.$$
Bei dem normalen Kegel von der kleinsten Oberfläche ist also die Seite das Dreifache des Radius der Grundebene.

2) Ein normaler Kegel soll den Inhalt a bekommen, wie viel Oberfläche muß wenigstens für ihn gegeben werden, damit der Kegel herzustellen sei?

Auflösung. In 1) ist bereits gefunden worden, daß die kleinste Oberfläche des normalen Kegels vom Inhalt a gleich ist

$$2\sqrt[3]{9\pi a^2}.$$

Bei dem normalen Kegel vom Inhalt a und der kleinsten Oberfläche drückt sich die Grundebene aus durch

$$\pi\left(\frac{1}{\sqrt{2}}\sqrt[3]{\frac{3a}{\pi}}\right)^2 = \tfrac{1}{2}\sqrt[3]{9\pi a^2},$$

der Mantel durch $2\sqrt[3]{9\pi a^2} - \frac{1}{2}\sqrt[3]{9\pi a^2}$, welches gleich ist

$$\tfrac{3}{2}\sqrt[3]{9\pi a^2}.$$

Also ist bei dem normalen Kegel von der kleinsten Oberfläche der Mantel das Dreifache von der Grundebene.

3) Die Oberfläche eines normalen Kegels ist gleich b gegeben, welchen Inhalt kann dieser Kegel höchstens haben?

Auflösung. Ein normaler Kegel, dessen Oberfläche bei seinem Inhalt am kleinsten ist, hat bei dieser Oberfläche den größten Inhalt. Die kleinste Oberfläche eines normalen Kegels vom Inhalt a ist nach der vorigen Nummer $2\sqrt[3]{9\pi a^2}$. Der größte Inhalt x des normalen Kegels von der Oberfläche b, ist daher zu entnehmen aus der Gleichung

$$2\sqrt[3]{9\pi x^2} = b$$

und aus derselben folgt

$$x = \frac{b}{6}\sqrt{\frac{b}{2\pi}}.$$

4) Ein normaler Kegel soll den Inhalt a bekommen, wie sind der Radius der Grundebene und die Höhe des Kegels zu nehmen, damit sein Mantel am kleinsten ausfalle?

Auflösung. Der Radius der Grundebene sei x, die Höhe y. Dann ist

1) $$\pi x^2 y = 3a.$$

Der Mantel drückt sich aus durch

2) $$\pi x\sqrt{x^2+y^2}.$$

Aus 1) folgt

3) $$y=\frac{3a}{\pi x^2}.$$

Diesen Werth setze man in 2); dadurch ergiebt sich für den Mantel die Function

$$\pi x\sqrt{x^2+\frac{9a^2}{\pi^2 x^4}}$$

oder

$$\sqrt{\pi^2 x^4+\frac{9a^2}{x^2}}.$$

Diese Function erhält für den Werth von x ihren größten Werth, welcher dem Radicanden den größten Werth giebt. Man bilde deshalb

$$\partial\left(\pi^2 x^4+\frac{9a^2}{x^2}\right)=4\pi^2 x^3-\frac{18a^2}{x^3},$$

setze $$4\pi^2 x^3-\frac{18a^2}{x^3}=0$$

und entwickle x. Es entsteht

$$x=\sqrt[6]{\frac{9a^2}{2\pi^2}}=\sqrt[3]{\frac{3a}{\pi\sqrt{2}}}$$

oder $$x=\frac{1}{\sqrt{2}}\sqrt[3]{\frac{6a}{\pi}};$$

und wenn man in 3) den Werth von x substituirt, ergiebt sich

$$y=\sqrt[3]{\frac{6a}{\pi}}.$$

Es verhält sich demnach

$$x:y=1:\sqrt{2}.$$

5) Welche Fläche muß wenigstens für den Mantel eines normalen Kegels gegeben werden, wenn der Inhalt des Kegels a sein soll?

Auflösung. Die Fläche wird erhalten in dem Mantel des normalen Kegels, welcher bei dem Inhalt a den kleinsten Mantel hat. Nach der vorigen Nummer ist der Radius der Grundebene dieses Kegels $\frac{1}{\sqrt{2}}\sqrt[3]{\frac{6a}{\pi}}$, die Höhe $\sqrt[3]{\frac{6a}{\pi}}$. Daher ist der Mantel gleich

$$\pi\frac{1}{\sqrt{2}}\sqrt[3]{\frac{6a}{\pi}}\sqrt{\frac{1}{2}\left[\sqrt[3]{\frac{6a}{\pi}}\right]^2+\left[\sqrt[3]{\frac{6a}{\pi}}\right]^2}$$

$$=\pi\frac{1}{\sqrt{2}}\sqrt[3]{\frac{6^2a^2}{\pi^2}}\sqrt{\frac{3}{2}}$$

$$=\frac{\sqrt{3}\sqrt[3]{36\pi a^2}}{2}.$$

Dies ist demnach die Fläche, welche wenigstens für den Mantel eines normalen Kegels gegeben werden muß, dessen Inhalt a sein soll.

6) Wenn der Mantel eines normalen Kegels c ist, wie groß kann der Inhalt des Kegels höchstens sein?

Auflösung. Ein normaler Kegel, welcher bei irgend einem Inhalt den kleinsten Mantel hat, bietet bei diesem Mantel den größten Inhalt dar. Der kleinste Mantel des Kegels vom Inhalt a ist, nach der vorigen Nummer,

$$\frac{\sqrt{3}\sqrt[3]{36\pi a^2}}{2}.$$

Man findet daher den größten Inhalt des normalen Kegels, dessen Mantel c ist, wenn man x entwickelt aus der Gleichung

$$\frac{\sqrt{3}\sqrt[3]{36\pi x^2}}{2}=c$$

und es entsteht $x=\frac{c}{3}\sqrt{\frac{2c}{3\sqrt{3\pi}}}$

oder $x=\frac{c}{9}\sqrt{\frac{2\sqrt{3}c}{\pi}}.$

§. 200. Aufgabe.

Der Radius der Grundebene und die Höhe eines normalen Kegels seien gleich r und h gegeben, man soll den Radius und den Mittelpunktswinkel des Kreisausschnittes berechnen, der, zu einem normalen Kegelmantel zusammengebogen, den Mantel dieses Kegels liefert.

Auflösung. Der Radius des Kreisausschnittes ist die Seite des Kegels, also gleich

$$\sqrt{r^2+h^2}.$$

Der Mittelpunktswinkel des Kreisausschnittes sei x. Der Bogen des Kreisausschnittes ist der Peripherie der Grundebene des Kegels gleich, demnach gleich $2\pi r$. Man hat die Proportion

$$x : 360^0 = 2\pi r : 2\pi\sqrt{r^2 + h^2}$$

und daraus folgt

$$x = \frac{r}{\sqrt{r^2 + h^2}}\, 360^0.$$

Ist die Seite des Kegels gleich dem Durchmesser der Grundebene, so entspringt hieraus $x = 180^0$, und der abgewickelte Kegelmantel ist ein Halbkreis. Daher müssen die Obertheile der Trichter, deren man sich in den chemischen Laboratorien bedient, zum Durchschnitt ein gleichseitiges Dreieck gewähren.

§. 201. Aufgabe.

Von einem Kegel ist der Radius r der Grundebene, und die Höhe h gegeben, der Kegel soll durch eine Ebene, welche mit der Grundebene parallel ist, in zwei Theile getheilt werden, welche sich verhalten wie $p : q$; man soll die Entfernung der Theilungsebene von der Spitze des Kegels bestimmen, und den Radius der Durchschnittsfigur.

Auflösung. Die Entfernung sei x. Der Kegel, welcher durch die Theilungsebene abgeschnitten wird, ist dem gegebenen Kegel ähnlich; die Kegel verhalten sich wie die dritten Potenzen ihrer Höhen, d. h. wie $x^3 : h^3$. Der Kegel, welcher abgeschnitten wird, soll sich zu dem gegebenen Kegel verhalten wie $p : p + q$. Daher hat man für x die Gleichung

$$x^3 : h^3 = p : p + q$$

und daraus folgt

$$x = h\sqrt[3]{\frac{p}{p+q}}.$$

Der Radius der Durchschnittsfigur sei y. Es verhält sich

$$x : h = y : r.$$

Daher ist

$$y = r\sqrt[3]{\frac{p}{p+q}}.$$

Soll nur die Entfernung der Durchschnittsebene von der Spitze des Kegels, oder nur der Radius der Durchschnittsfigur berechnet werden, so bedarf es im ersten Fall bloß der Höhe h, im andern bloß des Radius r des Kegels.

§. 202. Aufgaben.

1) Von einem Kegel ist der Radius r der Grundebene und die Höhe h gegeben. Aus dem Kegel soll ein Cylinder

geschnitten werden, welcher $\frac{p}{q}$ des Kegels ist. Man soll den Radius der Grundebene und die Höhe des Cylinders bestimmen. Der Cylinder werde so gedacht, daß' die eine Grundebene desselben in der Grundebene des Kegels liegt, und die Peripherie der anderen sich in dem Mantel des Kegels befindet.

Auflösung. Der Radius der Grundebene des Cylinders sei x, die Höhe des Cylinders sei y. Man hat die Gleichungen:

$$1) \qquad \pi x^2 y = \frac{p}{q}\frac{\pi r^2 h}{3},$$

$$2) \qquad r:x = h:h-y.$$

Aus der zweiten Gleichung folgt

$$y = \frac{hr - hx}{r}.$$

Diesen Werth setze man in 1); das liefert

$$x^3 - rx^2 + \frac{p}{q}\cdot\frac{r^3}{3} = 0,$$

eine Gleichung, deren Auflösung bis auf Fälle zu verschieben ist, in welchen r, p, q in Zahlen gegeben sind. Dividirt man die Gleichung durch r^3 und setzt $\frac{x}{r} = z$, so nimmt sie die bequemere Gestalt an:

$$z^3 - z^2 + \tfrac{1}{3}\frac{p}{q} = 0$$

und ist hieraus z gefunden, so hat man

$$x = rz.$$

2) Von einem Kegel ist der Radius r seiner Grundebene, und die Höhe h gegeben; man soll die Abmessungen des größten Cylinders bestimmen, welcher aus dem Kegel geschnitten werden kann.

Auflösung. Der Radius der Grundebene des Cylinders sei x, die Höhe sei y. Dann ist

$$r:x = h:h-y$$

und der Inhalt des Cylinders drückt sich aus durch

$$\pi x^2 y.$$

Aus der Proportion folgt

$$y = \frac{hr - hx}{r}$$

nnd wenn man diesen Werth substituirt, erhält man für den Inhalt des Cylinders die Function

$$\frac{\pi h}{r}(rx^2 - x^3).$$

Es ist $\partial(rx^2 - x^3) = 2rx - 3x^2$

und aus $2rx - 3x^2 = 0$

folgt $x = \frac{2}{3}r.$

Für y hatte sich ergeben

$$\frac{hr - hx}{r}$$

oder $$\frac{h}{r}(r - x),$$

welches, wenn man für x den Werth setzt, liefert

$$y = \frac{1}{3}h.$$

§. 203. Aufgabe.

Die Radien a und b der Grundebene, und die Höhe h eines normalen abgekürzten Kegels sind gegeben; man soll die Radien und den Mittelpunktswinkel des Ringstücks berechnen, welches, zu einem abgekürzten Kegelmantel zusammengebogen, den Mantel dieses abgekürzten Kegels liefert.

Auflösung. Der größere Radius sei x, der kleinere y. Der größere Radius x ist die Seite des vollständigen Kegels, der kleinere Radius y ist die Seite des Ergänzungskegels. Die Höhe des vollständigen Kegels sei z. Dann verhält sich

$$z : z - h = a : b$$

$$h : z = a - b : a$$

und hieraus ist $$z = \frac{ah}{a - b}.$$

Es ist $$x = \sqrt{a^2 + z^2}$$

$$= \sqrt{a^2 + \frac{a^2 h^2}{(a - b)^2}}$$

oder $$x = \frac{a}{a - b}\sqrt{(a - b)^2 + h^2}.$$

Es verhält sich $x : y = a : b.$

Deshalb ist $$y = \frac{b}{a - b}\sqrt{(a - b)^2 + h^2}.$$

Der Mittelpunktswinkel des Ringstückes sei φ. Der äußere Bogen des Ringstückes ist der Peripherie der größeren Grundebene des abgekürzten Kegels gleich, also gleich $2\pi a$. Daher hat man die Proportion

$$\varphi : 360^0 = 2\pi a : 2\pi \frac{a}{a-b} \sqrt{(a-b)^2 + h^2}$$

und aus derselben folgt

$$\varphi = \frac{a-b}{\sqrt{(a-b)^2 + h^2}} 360^0.$$

§. 204. Aufgabe.

Von einem abgekürzten Kegel sind die Radien a und b der Grundebenen und die Höhe h gegeben; der abgekürzte Kegel soll durch eine Ebene, welche mit den Grundebenen parallel ist, in zwei Theile getheilt werden, und der an der größeren Grundebene, deren Radius a sein mag, liegende Theil soll $\frac{p}{q}$ des abgekürzten Kegels ausmachen; man soll die Entfernung der Theilungsebene von der größeren Grundebene berechnen, und den Inhalt der Durchschnittsfigur.

Auflösung. Die Entfernung der Theilungsebene von der größeren Grundebene sei x, der Radius der Durchschnittsfigur sei y. Alsdann hat man die Gleichungen:

$$\tfrac{1}{3}\pi x(a^2 + ay + y^2) = \frac{p}{q}\tfrac{1}{3}\pi h(a^2 + ab + b^2)$$

oder

$$1)\quad (a^2 + ay + y^2)x = \frac{p}{q} h(a^2 + ab + b^2),$$

$$2)\quad a - y : a - b = x : h.$$

Die letzte Gleichung zu erhalten, stelle man sich irgend eine Seite des abgekürzten Kegels vor, ziehe von dem Punkt, in welchem sie die Peripherie zum Radius b trifft, parallel mit der Achse des abgekürzten Kegels eine gerade Linie, und eine zweite von dem Punkt, in welchem jene Seite die Peripherie der Durchschnittsfigur schneidet. Alsdann finden sich zwei ähnliche Dreiecke, welche jene Proportion liefern.

Aus 2) folgt

$$3)\quad x = \frac{a-y}{a-b} h.$$

Diesen Werth substituire man in 1), hebe durch h und multiplicire mit a — b; das liefert

$$(a^2 + ay + y^2)(a - y) = \frac{p}{q}(a^2 + ab + b^2)(a - b)$$

$$a^3 - y^3 = \frac{p}{q}(a^3 - b^3)$$

$$y^3 = a^3 - \frac{p}{q}(a^3 - b^3)$$

$$y = \sqrt[3]{a^3 - \frac{p}{q}(a^3 - b^3)}.$$

Nach 3) hat man ferner

$$x = \frac{h}{a - b}(a - y)$$

oder, für y den Werth gesetzt,

$$x = \frac{h}{a - b}\left[a - \sqrt[3]{a^3 - \frac{p}{q}(a^3 - b^3)}\right].$$

§. 205. Aufgabe.

Die drei Linien DG, EH und FL Fig. 18 seien normal auf der Linie GL, und beziehlich gleich a, b, c. Das Stück GH sei gleich n, das Stück HL gleich q. Durch die Stücke a, b, c, n, q ist das Dreieck DEF an sich, und seine Lage gegen die Linie GL bestimmt. Die Figur werde um die Linie GL gedreht, bis sie wieder ihre erste Lage erreicht. Das Dreieck DEF durchläuft während der Drehung einen Körper: der Inhalt dieses Körpers soll berechnet werden.

Auflösung. Die Trapeze DEHG, EFLH und DFLG beschreiben während der Drehung abgekurzte Kegel. Der Inhalt des Körpers, welchen das Dreieck DEF beschreibt, wird erhalten, wenn man von der Summe der abgekürzten Kegel, welche die beiden ersteren Trapeze erzeugen, den abgekürzten Kegel subtrahirt, welchen das letzte Trapez hervorbringt. Der Inhalt des Körpers, welchen das Dreieck DEF erzeugt, sei x. Es ist

$$\begin{aligned} x &= \tfrac{1}{3}\pi[(a^2+ab+b^2)n+(b^2+bc+c^2)q-(a^2+ac+c^2)(n+q)] \\ &= \tfrac{1}{3}\pi[(ab+b^2-ac-c^2)n+(b^2+bc-a^2-ac)q] \\ &= \tfrac{1}{3}\pi[(a+b+c)(b-c)n+(a+b+c)(b-a)q] \\ &= \tfrac{1}{3}\pi(a+b+c)[(b-c)n+(b-a)q]. \end{aligned}$$

Der Inhalt des Dreiecks DEF wird erhalten, wenn man die Summe der Trapeze DEHG und EFLH um das Trapez DFLG vermindert. Der Inhalt des Dreiecks DEF ist daher gleich

$$\frac{(a+b)n+(b+c)q-(a+c)(n+q)}{2}$$

oder
$$\frac{bn+bq-aq-cn}{2}$$

oder
$$\frac{(b-c)n+(b-a)q}{2}.$$

Bezeichnet man den Inhalt des Dreiecks mit f, so drückt sich demnach der Inhalt des Körpers, welchen das Dreieck DEF beschreibt, aus durch

$$\tfrac{2}{3}\pi(a+b+c)f.$$

§. 206.

Man stelle sich Fig. 19 einen normalen Cylinder vor, und schneide ihn durch eine Ebene, welche durch den Mittelpunkt der Grundebene geht. Der Körper ABCD, welchen die Ebene abschneidet, heißt ein Klauen oder Huf. Die größte Seite CD möge die Höhe des Klauen heißen, der Radius AM der Grundebene sein Radius.

Auch wenn die Ebene ABD nicht durch den Mittelpunkt der Grundebene des Cylinders geht, wird der durch die Ebene abgeschnittene Körper ein Klauen genannt. Wir werden uns nur mit dem oben erklärten Körper beschäftigen.

§. 207. Aufgabe.

Der Radius r und die Höhe h eines Klauen sind gegeben, man soll die krumme Oberfläche und den Inhalt des Klauen berechnen.

Auflösung. Die krumme Oberfläche des Klauen Fig. 19 wird durch die Seite CD in zwei gleiche Theile getheilt. Es kommt also nur darauf an, den einen Theil ACD zu berechnen. Man denke alle Seiten des Theiles ACD. Irgend zwei auf einander folgende Seiten GH und G'H' bilden ein Trapez, dessen Höhe GG' ist. Der Inhalt des Trapezes ist größer als GH · GG', und kleiner als G'H' · GG'. Bezeichnet man die auf einander folgenden Seiten durch s_1, $s_2 \cdots s_z$, die Entfernung je zweier auf einander folgenden Seiten durch q, so erhellet, daß von den Summen

$$s_1q+s_2q+s_3q+\cdots+s_{z-1}q$$
$$s_2q+s_3q+s_4q+\cdots+s_zq$$

die erste weniger, die andere mehr ausmacht als den Inhalt der Fläche ACD. Die Differenz der Summen

$$(s_z-s_1)q$$

ist aber, wegen des unendlich kleinen Factors q, unendlich klein, und da die Fläche ACD zwischen beiden Summen liegt, so ist die Differenz zwischen der Fläche und jeder einzelnen der Summen durch endliche Zahlen nicht ausdrückbar, und fällt außer Betracht. Jede der Summen giebt demnach den Inhalt der Fläche ACD.

Man lege durch die Seite GH eine Ebene, parallel mit dem Durchmesser AB. Dadurch entspringt das Rechteck GHQP. Man ziehe MG, und G'N normal zu GP. Die Dreiecke MGP und GG'N sind ähnlich; denn sie sind rechtwinklig bei P und N, und die Winkel MGP und GG'N sind gleich, weil jeder den Winkel NGG' zu einem rechten ergänzt. (Der Radius MG steht nämlich normal zur Tangente, also auch normal zu dem Element GG' in der Tangente.) Es verhält sich daher

$$\begin{aligned} GG':GN &= MG:MP \\ &= MC:MP \\ &= h:PQ \\ &= h:GH \end{aligned}$$

und deshalb ist

$$1) \qquad GH \cdot GG' = h \cdot GN.$$

GN ist der Projection des Stückes GG' auf dem Radius MA gleich. Bezeichnen wir daher durch p_1, p_2, ... die Projectionen der auf einander folgenden Entfernungen der Seiten, so läßt sich wegen der Gleichung 1) die erste der oberen Summen wiedergeben durch

$$(p_1 + p_2 + p_3 + \cdots + p_{z-1})h.$$

Die Summe $p_1 + p_2 + \cdots + p_{z-1}$ ist der Radius MA. Demnach ist der Inhalt der Fläche ACD gleich rh, und der Inhalt der Fläche ACBD gleich 2rh.

Man denke durch jede Seite und den Punkt M eine Ebene gelegt. Die Ebenen zerschneiden den Klauen in vierseitige Pyramiden GHH'G'M, welche sämmtlich den Radius zur Höhe haben. Der Inhalt des Klauen ist die Summe der Inhalte dieser Pyramiden, also gleich dem dritten Theil des Products aus der Summe ihrer Grundflächen 2rh in die gemeinschaftliche Höhe r. Daher ist der Inhalt des Klauen gleich $\frac{2}{3}r^2h$.

§. 208.

Es sei Fig. 20 ADC ein Quadrant, der Körper ADCNFG der über diesem Quadranten stehende Theil eines normalen Cylinders, dessen Grundebene den Radius r hat, und dessen Höhe h ist. Der Körper macht den vierten Theil dieses

Cylinders aus. Durch die Linien AD und DG werde eine Ebene gelegt. Dadurch entsteht der Körper ADCG, welcher die Hälfte eines Klauen ist, der den Radius r hat und die Höhe h.

Die krumme Fläche ACGN ist gleich $\frac{1}{4}2\pi rh$ oder $\frac{1}{2}\pi rh$. Die krumme Fläche ACG ist nach dem vorigen Paragraphen gleich rh. Daher ist die krumme Fläche ANG gleich

$$(\tfrac{1}{2}\pi - 1)rh.$$

Der Inhalt des Körpers ADCNFG ist $\frac{1}{4}\pi r^2 h$. Der Inhalt des Körpers ADCG ist nach dem vorigen Paragraphen gleich $\frac{1}{3}r^2 h$. Der Inhalt des Körpers ADFGN ist demnach gleich

$$(\tfrac{1}{4}\pi - \tfrac{1}{3})r^2 h.$$

Das Kreuzgewölbe Fig. 21 stehe über einem Quadrat, und die Bogenlinie sei ein Halbkreis. Es fällt bald in die Augen, daß der Theil ADFNG der Körper ADFNG in Fig. 20 ist. Der Theil ADFNG, Fig. 21 erscheint in dem Gewölbe acht Mal. Das Gewölbe kann daher nach den eben ausgeführten Bestimmungen berechnet werden.

§. 209.

Man stelle sich einen normalen Cylinder vor, und schneide ihn durch eine Ebene, welche nicht mit den Grundebenen parallel ist. Der Cylinder wird dadurch in zwei schief abgeschnittene Cylinder zerlegt. Der Inhalt und der Mantel eines solchen schief abgeschnittenen Cylinders lassen sich folgendermaßen berechnen:

Man ziehe in der schiefen Durchschnittsebene die gerade Linie, welche den Endpunkt der kleinsten Seite des Cylinders mit dem Endpunkte der größten verbindet, und lege durch die Mitte dieser Linie eine Ebene parallel mit der Grundebene des Cylinders. Diese Ebene schneidet von dem schief abgeschnittenen Cylinder einen Klauen ab, und eben dieser Klauen ergänzt den anderen Theil des schief abgeschnittenen Cylinders zu einem vollständigen normalen Cylinder, so daß dieser mit dem schief abgeschnittenen Cylinder gleichen Inhalt und gleichen Mantel hat. Ist a die größte Seite des schief abgeschnittenen Cylinders, b die kleinste, so ist die Höhe jenes vollständigen Cylinders gleich $\frac{a+b}{2}$; es sei ferner r der Radius der Grundebene des schief abgeschnittenen Cylinders. Der Inhalt des schief abgeschnittenen Cylinders ist alsdann gleich

$$\pi r^2 \frac{a+b}{2}$$

und der Mantel $\pi r(a+b)$.

§. 210.
Uebungsaufgabe.

1) Welches ist der Inhalt eines Zimmers, das 22 Fuß lang, 20 Fuß breit, und 16 Fuß hoch ist?

7040 Kubikfuß.

2) Die Grundebene eines Prismas sei ein reguläres Fünfeck, dessen Seite 30 Fuß mißt, die Höhe des Prismas sei $20\frac{1}{2}$ Fuß; welches ist der Inhalt des Prismas?

31742,8··· Kubikfuß.

3) Wie groß ist die Seite eines Würfels zu nehmen, damit der Inhalt desselben 5 Kubikfuß werde?

1,7099···· Fuß.

4) Wie groß ist die Seite eines Würfels zu nehmen, damit er den Inhalt a bekomme?

$\sqrt[3]{a}$.

5) Die Seite eines Würfels ist a, wie groß ist die Seite eines Würfels zu nehmen, dessen Inhalt $\frac{p}{q}$ vom Inhalt jenes Würfels werden soll?

$a\sqrt[3]{\frac{p}{q}}$.

6) Ein normales Parallelepipedum, dessen Grundebenen Rechtecke sind, hat die Abmessungen 2 Zoll, 4 Zoll, 8 Zoll; wie groß sind die Abmessungen eines Parallelepipedums zu nehmen, welches jenem ähnlich, und dessen Inhalt die Hälfte von dem Inhalt jenes Parallelepipedums sein soll?

1,5874···· Zoll, 3,1748···· Zoll, 6,3496···· Zoll.

7) Ein normales Parallelepipedum, dessen Grundebenen Rechtecke sind, hat die Abmessungen a, b, c; welches sind die Abmessungen eines Parallelepipedums, das jenem ähnlich, und dessen Inhalt $\frac{p}{q}$ von dem Inhalt jenes Parallepipedums ist?

$a\sqrt[3]{\frac{p}{q}},\ b\sqrt[3]{\frac{p}{q}},\ c\sqrt[3]{\frac{p}{q}}$.

8) Die Grundebene einer Pyramide sei ein Quadrat, dessen Seite 6 Fuß mißt, jede Seitenkante der Pyramide messe ebenfalls 6 Fuß, welches ist der Inhalt der Pyramide und welches ist ihre Oberfläche?

20,911···· Kubikfuß, 98,3538···· Quadratfuß.

9) Die Höhe einer Pyramide ist 10 Fuß. Die Pyramide soll durch eine Ebene, welche mit der Grundebene

parallel ist, in zwei gleiche Theile getheilt werden. In welcher Entfernung von der Spitze ist diese Ebene durch die Pyramide zu legen?

7,937.... Fuß von der Spitze entfernt.

10) Die Höhe einer Pyramide sei h. Die Pyramide soll durch eine Ebene, welche mit der Grundebene parallel ist, in zwei Theile getheilt werden, dergestalt, daß der an der Spitze liegende Theil $\frac{p}{q}$ der ganzen Pyramide werde. In welcher Entfernung von der Spitze ist die Ebene durch die Pyramide zu legen?

$$h\sqrt[3]{\frac{p}{q}}.$$

11) Die Grundebenen einer abgekürzten Pyramide seien Quadrate, die Seite des einen messe 12, die Seite des anderen 8 Fuß; die Verbindungslinie der Mittelpunkte beider Grundebenen stehe normal auf den Grundebenen und messe 6 Fuß. Wie groß ist der Inhalt der abgekürzten Pyramide und wie groß ist ihre Oberfläche?

Der Inhalt ist 608 Kubikfuß, die Oberfläche 461,982... Quadratfuß.

12) Der Inhalt einer abgekürzten Pyramide sei 160 Kubikfuß, der Inhalt der einen Grundebene sei 16 Quadratfuß, die Höhe sei 12 Fuß; welches ist der Inhalt der anderen Grundebene?

10,83... Quadratfuß.

13) Die Grundebenen einer abgekürzten Pyramide seien 25 Quadratfuß und 4 Quadratfuß, die Höhe sei 12 Fuß. Die abgekürzte Pyramide soll durch eine Ebene, welche mit den Grundebenen parallel ist, in zwei Theile getheilt werden, welche sich verhalten wie 2: 3. Der größere Theil soll an der größeren Grundebene liegen. In welcher Entfernung von der kleineren Grundebene muß die Theilungsebene gelegt werden?

7,1932... Fuß.

14) Der Radius der Grundebene eines normalen Cylinders sei 3 Fuß 8 Zoll, die Höhe 12 Fuß 5 Zoll Duodecimalmaaß; man soll den Inhalt und die Oberfläche des Cylinders berechnen.

524 Kubikfuß 766 Kubikzoll; 370 Quadratfuß 76 Quadratzoll.

15) Ein normaler Cylinder soll 120 Kubikfuß Inhalt und 200 Quadratfuß Oberfläche erhalten; man soll den Radius und die Höhe des Cylinders bestimmen.

Der Radius ist entweder 4,902⋯ Fuß oder 1,2633⋯ Fuß, und dazu die Höhe beziehlich 1,5888⋯ oder 23,9329⋯ Fuß.

Zuvörderst erhellet nach §. 192, daß die gegebene Oberfläche bei dem vorgeschriebenen Inhalt ausreicht. Der Radius der Grundebene sei x, die Höhe des Cylinders y. Man hat die Gleichungen:

$$\pi x^2 y = 120$$
$$2\pi x^2 + 2\pi x y = 200.$$

Aus der ersten Gleichung folgt

$$\pi x y = \frac{120}{x}.$$

Dies substituire man in der zweiten Gleichung und es entsteht

$$x^3 - \frac{100}{\pi} x + \frac{120}{\pi} = 0.$$

Die Gleichung werde kürzer vorgestellt durch

$$x^3 - bx + c = 0.$$

Es ist b negativ, und in absoluter Hinsicht $4b^3 > 27c^2$. Die Gleichung hat also drei reelle Werthe. Die Cardanische Formel ist daher zur Auflösung der erhaltenen Gleichung nicht brauchbar, und man wird sich der trigonometrischen Functionen zur Auflösung bedienen. — Da c positiv ist, setze man

$$\operatorname{Sin} 3y = \sqrt{\frac{27c^2}{4b^3}} = \sqrt{\frac{27 \cdot 120^2 \cdot \pi}{4 \cdot 100^3}}$$
$$= \sqrt{\frac{243\pi}{2500}}.$$

Es ist

$$\begin{aligned} \operatorname{Log} 243 &= 2{,}3856063 \\ \operatorname{Log} \pi &= 0{,}4971498 \\ \operatorname{Log} 1 - \operatorname{Log} 2500 &= 0{,}6020600 - 4 \\ \hline \operatorname{Log} 243 + \operatorname{Log} \pi - \operatorname{Log} 2500 &= 0{,}4848161 - 1 \\ \hline \operatorname{Log} \operatorname{Sin} 3y &= 0{,}7424080 - 1. \end{aligned}$$

Hierzu findet man

$$3y = 33^0\, 32'\, 43''$$
$$y = 11^0\, 10'\, 54''.$$

Die drei Werthe von x, welche der erhaltenen Gleichung genügen, sind

$$x = \sqrt{\frac{4b}{3}} \operatorname{Sin} y$$

$$x = \sqrt{\frac{4b}{3}} \operatorname{Sin}(\tfrac{1}{3}\pi - y)$$

$$x = -\sqrt{\frac{4b}{3}} \operatorname{Sin}(\tfrac{1}{3}\pi + y)$$

oder, die Werthe gesetzt,

$$x = \sqrt{\frac{400}{3\pi}} \operatorname{Sin} 11^0 10' 54''$$

$$x = \sqrt{\frac{400}{3\pi}} \operatorname{Sin} 48^0 49' 6''$$

$$x = -\sqrt{\frac{400}{3\pi}} \operatorname{Sin} 71^0 10' 54''.$$

Der letzte Werth, als an sich negativ, kann der Aufgabe nicht entsprechen. Daher sind nur die beiden ersten Werthe zu berechnen. Es ist nun erstens

$$\operatorname{Log} x = \frac{\operatorname{Log} 400 - \operatorname{Log} 3 - \operatorname{Log} \pi}{2} + \operatorname{Log} \operatorname{Sin} 11^0 10' 54''$$

$$\begin{aligned}
\operatorname{Log} 400 &= 2,6020600 \\
\operatorname{Log} 1 - \operatorname{Log} 3 &= 0,5228787 - 1 \\
\operatorname{Log} 1 - \operatorname{Log} \pi &= 0,5028502 - 1 \\
\hline
\operatorname{Log} 400 - \operatorname{Log} 3 - \operatorname{Log} \pi &= 1,6277889 \\
\frac{\operatorname{Log} 400 - \operatorname{Log} 3 - \operatorname{Log} \pi}{2} &= 0,8138944 \\
\operatorname{Log} \operatorname{Sin} 11^0 10' 54'' &= 0,2876236 - 1 \\
\hline
\operatorname{Log} x &= 0,1015180 \\
x &= 1,2633 \dots
\end{aligned}$$

Ferner ist

$$\begin{aligned}
\operatorname{Log} x &= \frac{\operatorname{Log} 400 - \operatorname{Log} 3 - \operatorname{Log} \pi}{2} + \operatorname{Log} \operatorname{Sin} 48^0 49' 6'' \\
&= 0,8138944 + 0,8765790 - 1 \\
&= 0,6904734,
\end{aligned}$$

daher noch

$$x = 4,902.$$

Die Werthe von y finden sich jetzt leicht aus der Gleichung

$$\pi x^2 y = 120.$$

16) Man soll die Abmessungen des Rechtecks berechnen, welches den Mantel eines normalen Cylinders giebt, dessen

Inhalt 6000 Quart beträgt, und dessen Radius sich zur Höhe wie 5:2 verhält.

Die eine Seite des Rechtecks mißt 2,245··· Fuß, die andere 35,267 Fuß.

17) Der Inhalt eines normalen Cylinders soll einen Scheffel betragen. Der Cylinder soll nur eine Grundebene erhalten (an der einen Seite offen bleiben). Wie sind die Abmessungen des Cylinders zu nehmen, damit die Oberfläche am kleinsten ausfalle?

Der Radius der Grundebene muß 0,82713 Fuß erhalten, die Höhe eben so viel.

18) Ein cylinderförmiges Scheffelmaaß ist so construirt, daß es die kleinste Oberfläche hat. Das Scheffelmaaß sei gehäuft mit einer Waare, deren Häufungswinkel gegen den Horizont α ist. Wie viel Kubikzoll beträgt die Häufung?

19) Wie sind aber die Abmessungen eines Metzenmaaßes zu nehmen, damit die gehäufte Metze der 16te Theil dieses gehäuften Scheffels sei.

Der Radius der Grundebene 3,9389···· Zoll, eben so die Höhe.

20) Die halbe lichte Weite des Kappengewölbes Fig. 14 sei 12 Fuß, die lichte Höhe 6 Fuß, die Stärke 2 Fuß, die Länge 30 Fuß; man soll den Inhalt der Ueberwölbung berechnen.

Der Inhalt ist 1780,40 Kubikfuß.

21) Bei der Construction der Korblinie Fig. 15 §. 195 sei die lichte Weite 120 Fuß, die lichte Höhe 30 Fuß, die Stärke 5 Fuß, die Länge 80 Fuß; es soll der Inhalt der Ueberwölbung gefunden werden.

Der Inhalt ist 61762 Kubikfuß.

22) Dieselben Abmessungen seien bei der Construction Fig. 16 §. 196 gegeben; man soll den Inhalt der Ueberwölbung berechnen.

Der Inhalt ist 61373 Kubikfuß.

23) Der Radius einer Kugel messe 20 Fuß, welches ist der Inhalt des Würfels in dieser Kugel.

12316,8··· Kubikfuß.

24) Ein normaler Kegel soll 50 Kubikfuß Inhalt bekommen, der Durchmesser der Grundebene soll sich zur Höhe verhalten wie 2:3; man soll den Radius und den Mittelpunktswinkel des Kreisausschnitts berechnen, welcher den Mantel dieses Kegels liefert.

Der Radius ist 7,9543⋯ Fuß, der Mittelpunktswinkel $113^0 50' 31''$.

25) Ein kreisförmiger Graben ist 6 Fuß tief, oben 10 Fuß, unten 7 Fuß breit, und hat überall gleiche Dossirung. Wird am oberen äußeren Kreise eine Sehne von 30 Fuß Länge genommen, so beträgt die Höhe des zu dieser Sehne gehörenden Bogens 2 Zoll. Wie groß ist der Inhalt des Grabens?

214722,95⋯ Kubikfuß.

26) Ein normaler abgekürzter Kegel soll 10000 Quart Inhalt bekommen, die Höhe soll 2 Fuß werden, und die Durchmesser der Grundebenen sollen sich verhalten wie 9:10; man soll die Abmessungen des Ringstücks berechnen, welches den Mantel dieses abgekürzten Kegels liefert.

Die Radien sind 21,525⋯ und 19,3725⋯ Fuß, der Mittelpunktswinkel hat $133,1^0$.

27) Wie tief sinkt eine Kugel, deren Masse das specifische Gewicht 0,84 hat, in Wasser ein?

1,49335⋯r, unter r den Radius der Kugel verstanden.

Die Kugel taucht so tief in das Wasser, daß das durch sie verdrängte Wasser so viel wiegt als die Kugel. Der eingetauchte Theil der Kugel ist ein Kugelabschnitt. Da das specifische Gewicht der Kugel 0,84 ist, so muß der eingetauchte Kugelabschnitt 0,84 der Kugel ausmachen; denn hat eine Wasserkugel, welche mit jener von gleicher Größe ist, das Gewicht z, so hat jene Kugel das Gewicht 0,84z, und ein Abschnitt der Wasserkugel, welcher 0,84 der Wasserkugel beträgt, hat mit jener Kugel gleiches Gewicht. Es kommt daher darauf an, die Höhe eines Kugelabschnittes zu finden, welcher 0,84 von der Kugel ausmacht. — Der Radius der Kugel sei 1, die Höhe des Kugelabschnittes sei x; dann muß sein

$$\tfrac{1}{3}\pi x^2(3-x) = 0{,}84 \cdot \tfrac{4}{3}\pi,$$

woraus folgt

$$x^3 - 3x^2 + 3{,}36 = 0.$$

Die Gleichung muß zuvörderst reducirt werden. Zu dem Ende setze man

$$x = y + 1$$

und es entsteht

$$y^3 - 3y + 1{,}36 = 0.$$

Der Quotient $\frac{27c^2}{4b^3}$ ist bei dieser Gleichung $\frac{27 \cdot 1{,}36^2}{4 \cdot 3^3}$ oder $\frac{1{,}36^2}{4}$, und da derselbe ein echter Bruch ist, so hat die Gleichung drei reelle Werthe und sie ist vermittelst der trigonometrischen Functionen auflösbar. Man setze also

$$\operatorname{Sin} 3\varphi = \sqrt{\frac{1{,}36^2}{4}} = \frac{1{,}36}{2} = 0{,}68.$$

Hierzu findet man

$$3\varphi = 42^0 50' 37''$$

daher $\varphi = 14^0 16' 52''$.

Es ist nun

$$z = \sqrt{\frac{4b}{3}} \operatorname{Sin} \varphi$$

$$z = \sqrt{\frac{4b}{3}} \operatorname{Sin}(60^0 - \varphi)$$

$$z = -\sqrt{\frac{4b}{3}} \operatorname{Sin}(60^0 + \varphi)$$

oder, da $b = 3$ ist,

$$z = 2 \operatorname{Sin} 14^0 16' 52''$$
$$z = 2 \operatorname{Sin} 45^0 43' 8''$$
$$z = -2 \operatorname{Sin} 74^0 16' 52''.$$

Es ist

$$\operatorname{Log} 2 = 0{,}3010300$$
$$\operatorname{Log} \operatorname{Sin} 14^0 16' 52'' = 0{,}3921331 - 1$$
$$\overline{\operatorname{Log} z = 0{,}6931631 - 1}$$

also 1) $z = 0{,}49335\cdots$

Ferner ist $\operatorname{Log} 2 = 0{,}3010300$

$$\operatorname{Log} \operatorname{Sin} 45^0 43' 8'' = 0{,}8548663 - 1$$
$$\overline{\operatorname{Log} z = 0{,}1558963}$$

2) $z = 1{,}4318\cdots$

Endlich

$$\operatorname{Log} 2 = 0{,}3010300$$
$$\operatorname{Log} \operatorname{Sin} 74^0 16' 52'' = 0{,}9834469$$
$$\overline{\operatorname{Log} z = 1{,}2844769}$$

3) $z = -19{,}252\cdots$

Es ist $x = z + 1$,

daher hat man für x die drei Werthe

$$1{,}49335\cdots$$
$$2{,}4318\cdots$$
$$-18{,}252\cdots$$

Jeder von diesen Werthen entspricht der Gleichung für x; aber es fällt in die Augen, daß nur der erste der Aufgabe genügt. Daher ist die Höhe des Kugelabschnitts 1,49335···r, unter r den Radius verstanden.

28) Eine Calotte, deren Höhe 4 Fuß beträgt, enthält 200 Quadratfuß, wie groß ist der Halbmesser der zugehörigen Kugel?

$7' 9'' 5'''$.

29) Der Inhalt einer Kugel sei q, welches ist der Halbmesser der Kugel und welches die Oberfläche?

$\sqrt[3]{\frac{3q}{4\pi}}$; $\sqrt[3]{36\pi q^2}$.

30) Die Oberfläche einer Kugel sei f, welches ist der Radius der Kugel und welches der Inhalt?

$\frac{1}{2}\sqrt{\frac{f}{\pi}}$; $\frac{f}{6}\sqrt{\frac{f}{\pi}}$.

31) Ein Kugelabschnitt verhält sich zum zugehörigen Kugelausschnitt wie 3:5, welches ist die Höhe jenes Kugelabschnitts?

$\frac{1}{2}(3 \pm \frac{1}{5}\sqrt{105})$ vom Radius.

32) Eine Kugel wird von zwei parallelen Ebenen geschnitten. Der Halbmesser des einen Durchschnittskreises ist 12 Fuß, der des anderen ist 8 Fuß, die Entfernung der Ebenen 4 Fuß. Man soll den Halbmesser der Kugel berechnen, den Inhalt der Zone und den der körperlichen Zone, welche von jenen Ebenen abgeschnitten werden.

$14' 4'' 2'''$ $3\square^0 62\square' 46\square''$ 5361 Kbkf. 643 Kbkz.

33) Der Inhalt eines normalen Kegels soll 60 Kubikfuß, der Inhalt des Mantels 100 Quadratfuß betragen; wie sind die Abmessungen des Kegels zu nehmen?

Der Radius der Grundebene ist entweder 1,809···· oder 5,483····, und dabei die Höhe entweder 17,497···· oder 1,905···· Fuß.

34) Ein normaler Cylinder durchdringt eine Kugel dergestalt, daß seine Achse durch den Mittelpunkt der Kugel geht. Die Höhe des Cylinders ist 2 Fuß, der Radius der Grundebene 2 Zoll, der Radius der Kugel 5 Zoll. Das Ganze

besteht aus einem Stoff, dessen specifisches Gewicht 7,5 ist. Wie groß ist das Gewicht des Körpers?

201,86 Pfund.

35) Ein normaler Kegel durchdringt eine Kugel, und seine Achse geht durch den Mittelpunkt. Der Radius der Kugel ist 10, die Höhe des Kegels 35, die Entfernung seiner Spitze vom Mittelpunkt der Kugel 15, und jede Seite des Kegels bildet mit seiner Achse einen Winkel von 13 Graden. Welches ist der Inhalt des Körpers?

5797,7.

Fünftes Kapitel.

Körperliche oder sphärische Trigonometrie.

I. Grundformeln.

§. 211.

Die Seiten eines körperlichen Dreiecks werden hier stets durch die Buchstaben a, b, c, die ihnen beziehlich gegenüberstehenden Winkel durch α, β, γ bezeichnet werden.

§. 212.

Es ist bei jedem körperlichen Dreieck

$$\mathrm{Cos}\, a = \mathrm{Cos}\, b\, \mathrm{Cos}\, c + \mathrm{Sin}\, b\, \mathrm{Sin}\, c\, \mathrm{Cos}\, \alpha.$$

Auf der Kante, welche der Seite a gegenübersteht, werde Fig. 22, DE gleich 1 genommen und durch E eine Ebene gedacht, normal zu dieser Kante DE. Die Ebene schneidet die Seitenebenen des körperlichen Dreiecks in den Linien EF, EG, FG. Die beiden Linien EF und EG stehen normal auf DE und bilden den Neigungswinkel α. Es ist

$$\begin{aligned} EF &= \mathrm{Tg}\, b \\ EG &= \mathrm{Tg}\, c \\ DF &= \mathrm{Sec}\, b \\ DG &= \mathrm{Sec}\, c. \end{aligned}$$

Indem man das Quadrat der Seite FG, den beiden Dreiecken EFG und DFG angehörend, zweimal ausdrückt, entsteht die Gleichung

$$\mathrm{Tg}\, b^2 + \mathrm{Tg}\, c^2 - 2\,\mathrm{Tg}\, b\, \mathrm{Tg}\, c\, \mathrm{Cos}\, \alpha = \mathrm{Sec}\, b^2 + \mathrm{Sec}\, c^2 - 2\,\mathrm{Sec}\, b\, \mathrm{Sec}\, c\, \mathrm{Cos}\, a.$$

Statt Sec^2 werde $1 + \mathrm{Tg}^2$ gesetzt, und gehoben, das liefert

$$\mathrm{Sec}\, b\, \mathrm{Sec}\, c\, \mathrm{Cos}\, a = 1 + \mathrm{Tg}\, b\, \mathrm{Tg}\, c\, \mathrm{Cos}\, \alpha$$

oder mit Cos b Cos c multiplicirt

$$\mathrm{Cos\,a} = \mathrm{Cos\,b\,Cos\,c} + \mathrm{Sin\,b\,Sin\,c\,Cos}\,\alpha.$$

Die Gleichung läßt sich in Bezug auf jede Seite des körperlichen Dreiecks ansetzen und dadurch entsteht

1) $\mathrm{Cos\,a} = \mathrm{Cos\,b\,Cos\,c} + \mathrm{Sin\,b\,Sin\,c\,Cos}\,\alpha,$
2) $\mathrm{Cos\,b} = \mathrm{Cos\,a\,Cos\,c} + \mathrm{Sin\,a\,Sin\,c\,Cos}\,\beta,$
3) $\mathrm{Cos\,c} = \mathrm{Cos\,a\,Cos\,b} + \mathrm{Sin\,a\,Sin\,b\,Cos}\,\gamma.$

§. 213.

Es ist bei jedem körperlichen Dreieck

$$\mathrm{Cos\,a} = -\mathrm{Cos}\,\beta\,\mathrm{Cos}\,\gamma + \mathrm{Sin}\,\beta\,\mathrm{Sin}\,\gamma\,\mathrm{Cos\,a}.$$

Man denke das Ergänzungsdreieck. Die Seiten desselben, welche beziehlich die Winkel α, β, γ zu einem gestreckten Winkel ergänzen, seien a', b', c', der Winkel, welcher die Seite a zu einem gestreckten ergänzt, sei α', und es liegt α' der Seite a' gegenüber. Nach dem vorigen Paragraphen ist

$$\mathrm{Cos\,a'} = \mathrm{Cos\,b'\,Cos\,c'} + \mathrm{Sin\,b'\,Sin\,c'\,Cos}\,\alpha'.$$

Es ist aber $\mathrm{Cos\,a'} = -\mathrm{Cos}\,\alpha$, $\mathrm{Cos\,b'} = -\mathrm{Cos}\,\beta$, $\mathrm{Cos\,c} = -\mathrm{Cos}\,\gamma$, $\mathrm{Sin\,b'} = \mathrm{Sin}\,\beta$, $\mathrm{Sin\,c'} = \mathrm{Sin}\,\gamma$, $\mathrm{Cos}\,\alpha' = -\mathrm{Cos\,a}$. Diese Werthe substituire man, und es entsteht

$$-\mathrm{Cos}\,\alpha = \mathrm{Cos}\,\beta\,\mathrm{Cos}\,\gamma - \mathrm{Sin}\,\beta\,\mathrm{Sin}\,\gamma\,\mathrm{Cos\,a},$$

welches mit -1 multiplicirt die Behauptung ist.

Man hat demnach

1) $\mathrm{Cos}\,\alpha = -\mathrm{Cos}\,\beta\,\mathrm{Cos}\,\gamma + \mathrm{Sin}\,\beta\,\mathrm{Sin}\,\gamma\,\mathrm{Cos\,a},$
2) $\mathrm{Cos}\,\beta = -\mathrm{Cos}\,\alpha\,\mathrm{Cos}\,\gamma + \mathrm{Sin}\,\alpha\,\mathrm{Sin}\,\gamma\,\mathrm{Cos\,b},$
3) $\mathrm{Cos}\,\gamma = -\mathrm{Cos}\,\alpha\,\mathrm{Cos}\,\beta + \mathrm{Sin}\,\alpha\,\mathrm{Sin}\,\beta\,\mathrm{Cos\,c}.$

§. 214.

In der Gleichung

$$\mathrm{Cos\,a} = \mathrm{Cos\,b\,Cos\,c} + \mathrm{Sin\,b\,Sin\,c\,Cos}\,\alpha$$

substituire man $2\,\mathrm{Cos}\,\tfrac{1}{2}\alpha^2 - 1$ statt $\mathrm{Cos}\,\alpha$, und es folgt

$$\mathrm{Cos\,a} - \mathrm{Cos\,(b + c)} = 2\,\mathrm{Sin\,b\,Sin\,c\,Cos}\,\tfrac{1}{2}\alpha^2$$

oder

$$1)\ \mathrm{Cos}\,\tfrac{1}{2}\alpha = \sqrt{\frac{\mathrm{Sin}\,\frac{1}{2}(\mathrm{a+b+c})\,\mathrm{Sin}\,\frac{1}{2}(-\mathrm{a+b+c})}{\mathrm{Sin\,b\,Sin\,c}}}$$

und substituirt man $1 - 2\,\mathrm{Sin}\,\tfrac{1}{2}\alpha^2$ statt $\mathrm{Cos}\,\alpha$, so ergiebt sich

$$2)\ \mathrm{Sin}\,\tfrac{1}{2}\alpha = \sqrt{\frac{\mathrm{Sin}\,\frac{1}{2}(\mathrm{a+b-c})\,\mathrm{Sin}\,\frac{1}{2}(\mathrm{a-b+c})}{\mathrm{Sin\,b\,Sin\,c}}}.$$

§. 215.

Aus der Gleichung

$$\operatorname{Cos}\alpha = -\operatorname{Cos}\beta\operatorname{Cos}\gamma + \operatorname{Sin}\beta\operatorname{Sin}\alpha\operatorname{Cos}a$$

entspringt in gleicher Weise

$$1)\quad \operatorname{Cos}\tfrac{1}{2}a = \sqrt{\frac{\operatorname{Cos}\frac{1}{2}(\alpha+\beta-\gamma)\operatorname{Cos}\frac{1}{2}(\alpha-\beta+\gamma)}{\operatorname{Sin}\beta\operatorname{Sin}\gamma}},$$

$$2)\quad \operatorname{Sin}\tfrac{1}{2}a = \sqrt{-\frac{\operatorname{Cos}\frac{1}{2}(\alpha+\beta+\gamma)\operatorname{Cos}\frac{1}{2}(-\alpha+\beta+\gamma)}{\operatorname{Sin}\beta\operatorname{Sin}\gamma}}.$$

§. 216.

Die Gleichungen 1) und 2) in §. 214 repräsentiren, indem man die Buchstaben wechselt, die nachstehenden sechs Gleichungen:

$$\operatorname{Cos}\tfrac{1}{2}\alpha = \sqrt{\frac{\operatorname{Sin}\frac{1}{2}(a+b+c)\operatorname{Sin}\frac{1}{2}(-a+b+c)}{\operatorname{Sin}b\operatorname{Sin}c}}$$

$$\operatorname{Sin}\tfrac{1}{2}\alpha = \sqrt{\frac{\operatorname{Sin}\frac{1}{2}(a+b-c)\operatorname{Sin}\frac{1}{2}(a-b+c)}{\operatorname{Sin}b\operatorname{Sin}c}}$$

$$\operatorname{Cos}\tfrac{1}{2}\beta = \sqrt{\frac{\operatorname{Sin}\frac{1}{2}(a+b+c)\operatorname{Sin}\frac{1}{2}(a-b+c)}{\operatorname{Sin}a\operatorname{Sin}c}}$$

$$\operatorname{Sin}\tfrac{1}{2}\beta = \sqrt{\frac{\operatorname{Sin}\frac{1}{2}(a+b-c)\operatorname{Sin}\frac{1}{2}(-a+b+c)}{\operatorname{Sin}a\operatorname{Sin}c}}$$

$$\operatorname{Cos}\tfrac{1}{2}\gamma = \sqrt{\frac{\operatorname{Sin}\frac{1}{2}(a+b+c)\operatorname{Sin}\frac{1}{2}(a+b-c)}{\operatorname{Sin}a\operatorname{Sin}b}}$$

$$\operatorname{Sin}\tfrac{1}{2}\gamma = \sqrt{\frac{\operatorname{Sin}\frac{1}{2}(a-b+c)\operatorname{Sin}\frac{1}{2}(-a+b+c)}{\operatorname{Sin}a\operatorname{Sin}b}}.$$

Unter sehr vielen Combinationen, welche diese Gleichungen zulassen, hat man auch:

$$A)\quad \frac{\operatorname{Sin}\frac{1}{2}\alpha\operatorname{Cos}\frac{1}{2}\beta}{\operatorname{Cos}\frac{1}{2}\gamma} = \frac{\operatorname{Sin}\frac{1}{2}(a-b+c)}{\operatorname{Sin}c}$$

$$B)\quad \frac{\operatorname{Sin}\frac{1}{2}\alpha\operatorname{Sin}\frac{1}{2}\beta}{\operatorname{Sin}\frac{1}{2}\gamma} = \frac{\operatorname{Sin}\frac{1}{2}(a+b-c)}{\operatorname{Sin}c}$$

$$C)\quad \frac{\operatorname{Cos}\frac{1}{2}\alpha\operatorname{Cos}\frac{1}{2}\beta}{\operatorname{Sin}\frac{1}{2}\gamma} = \frac{\operatorname{Sin}\frac{1}{2}(a+b+c)}{\operatorname{Sin}c}.$$

Nach A) ist

$$\frac{\mathrm{Sin}\frac{1}{2}\alpha\,\mathrm{Cos}\frac{1}{2}\beta}{\mathrm{Cos}\frac{1}{2}\gamma} = \frac{\mathrm{Sin}\frac{1}{2}(a-b+c)}{\mathrm{Sin}\,c}$$

und
$$\frac{\mathrm{Sin}\frac{1}{2}\beta\,\mathrm{Cos}\frac{1}{2}\alpha}{\mathrm{Cos}\frac{1}{2}\gamma} = \frac{\mathrm{Sin}\frac{1}{2}(-a+b+c)}{\mathrm{Sin}\,c}.$$

Die Addition dieser beiden Gleichungen liefert:

$$\frac{\mathrm{Sin}\frac{1}{2}(\alpha+\beta)}{\mathrm{Cos}\frac{1}{2}\gamma} = \frac{\mathrm{Sin}\frac{1}{2}(a-b+c)+\mathrm{Sin}\frac{1}{2}(-a+b+c)}{\mathrm{Sin}\,c}$$

$$= \frac{2\,\mathrm{Sin}\frac{1}{2}c\,\mathrm{Cos}\frac{1}{2}(a-b)}{\mathrm{Sin}\,c}$$

oder

$$1)\quad \frac{\mathrm{Sin}\frac{1}{2}(\alpha+\beta)}{\mathrm{Cos}\frac{1}{2}\gamma} = \frac{\mathrm{Cos}\frac{1}{2}(a-b)}{\mathrm{Cos}\frac{1}{2}c}$$

und die Subtraction derselben Gleichungen gewährt:

$$2)\quad \frac{\mathrm{Sin}\frac{1}{2}(\alpha-\beta)}{\mathrm{Cos}\frac{1}{2}\gamma} = \frac{\mathrm{Sin}\frac{1}{2}(a-b)}{\mathrm{Sin}\frac{1}{2}c}.$$

Wenn man die Gleichung B) von der C) subtrahirt, dann B) und C) addirt, entsteht in gleicher Weise:

$$3)\quad \frac{\mathrm{Cos}\frac{1}{2}(\alpha+\beta)}{\mathrm{Sin}\frac{1}{2}\gamma} = \frac{\mathrm{Cos}\frac{1}{2}(a+b)}{\mathrm{Cos}\frac{1}{2}c},$$

$$4)\quad \frac{\mathrm{Cos}\frac{1}{2}(\alpha-\beta)}{\mathrm{Sin}\frac{1}{2}\gamma} = \frac{\mathrm{Sin}\frac{1}{2}(a+b)}{\mathrm{Sin}\frac{1}{2}c}.$$

Die Gleichungen 1) bis 4) werden die Délambreschen oder Gaußschen Gleichungen genannt.

§. 217.

Man dividire die Gleichung 1) des vorigen Paragraphen durch die Gleichung 3), 2) durch 4), 4) durch 3), und 2) durch 1), das liefert:

$$1)\quad \mathrm{Tg}\tfrac{1}{2}(\alpha+\beta) = \frac{\mathrm{Cos}\frac{1}{2}(a-b)}{\mathrm{Cos}\frac{1}{2}(a+b)}\,\mathrm{Cotg}\tfrac{1}{2}\gamma,$$

$$2)\quad \mathrm{Tg}\tfrac{1}{2}(\alpha-\beta) = \frac{\mathrm{Sin}\frac{1}{2}(a-b)}{\mathrm{Sin}\frac{1}{2}(a+b)}\,\mathrm{Cotg}\tfrac{1}{2}\gamma,$$

$$3)\quad \mathrm{Tg}\tfrac{1}{2}(a+b) = \frac{\mathrm{Cos}\frac{1}{2}(\alpha-\beta)}{\mathrm{Cos}\frac{1}{2}(\alpha+\beta)}\,\mathrm{tg}\tfrac{1}{2}c,$$

$$4)\quad \mathrm{Tg}\tfrac{1}{2}(a-b) = \frac{\mathrm{Sin}\frac{1}{2}(\alpha-\beta)}{\mathrm{Sin}\frac{1}{2}(\alpha+\beta)}\,\mathrm{tg}\tfrac{1}{2}c.$$

Diese Gleichungen heißen die Neperschen Analogien.

§. 218.

Das Product der Gleichungen 1) und 2) in §. 214, doppelt genommen, ist:

$$\operatorname{Sin}\alpha = \frac{2\sqrt{\operatorname{Sin}\frac{1}{2}(a+b+c)\operatorname{Sin}\frac{1}{2}(a+b-c)\operatorname{Sin}\frac{1}{2}(a-b+c)\operatorname{Sin}\frac{1}{2}(-a+b+c)}}{\operatorname{Sin}b\operatorname{Sin}c}.$$

Hieraus folgt

$$\frac{\operatorname{Sin}\alpha}{\operatorname{Sin}a} = \frac{2\sqrt{\operatorname{Sin}\frac{1}{2}(a+b+c)\operatorname{Sin}\frac{1}{2}(a+b-c)\operatorname{Sin}\frac{1}{2}(a-b+c)\operatorname{Sin}\frac{1}{2}(-a+b+c)}}{\operatorname{Sin}a\operatorname{Sin}b\operatorname{Sin}c}.$$

Der Ausdruck rechts ist symmetrisch, ändert sich nicht durch Vertauschen der Buchstaben; mithin ist

$$\frac{\operatorname{Sin}\alpha}{\operatorname{Sin}a} = \frac{\operatorname{Sin}\beta}{\operatorname{Sin}b} = \frac{\operatorname{Sin}\gamma}{\operatorname{Sin}c}$$

oder

$$\operatorname{Sin}a : \operatorname{Sin}b : \operatorname{Sin}c = \operatorname{Sin}\alpha : \operatorname{Sin}\beta : \operatorname{Sin}\gamma.$$

Uebrigens erhellet sogleich aus Fig. 22, daß

$$EG\operatorname{Sin}\beta = EH\operatorname{Sin}\alpha$$

ist, d. heißt $\operatorname{Sin}a\operatorname{Sin}\beta = \operatorname{Sin}b\operatorname{Sin}\alpha$

oder $\operatorname{Sin}a : \operatorname{Sin}b = \operatorname{Sin}\alpha : \operatorname{Sin}\beta$

und hierin liegt gleichfalls das oben erhaltene Gesetz.

§. 219.

Für ein körperliches Dreieck, in welchem der Winkel α ein rechter Winkel ist, gelten folgende einfache Gleichungen:

$$\begin{aligned}
&1)\quad \operatorname{Sin}a\operatorname{Sin}\beta = \operatorname{Sin}b\\
&2)\quad \operatorname{Sin}a\operatorname{Sin}\gamma = \operatorname{Sin}c\\
&3)\quad \operatorname{Cos}b\operatorname{Cos}c = \operatorname{Cos}a\\
&4)\quad \operatorname{Cotg}\beta\operatorname{Cotg}\gamma = \operatorname{Cos}a\\
&5)\quad \operatorname{Cos}b\operatorname{Sin}\gamma = \operatorname{Cos}\beta\\
&6)\quad \operatorname{Cos}c\operatorname{Sin}\beta = \operatorname{Cos}\gamma\\
&7)\quad \operatorname{Cotg}a\operatorname{Tg}b = \operatorname{Cos}\gamma\\
&8)\quad \operatorname{Cotg}a\operatorname{Tg}c = \operatorname{Cos}\beta\\
&9)\quad \operatorname{Cotg}b\operatorname{Sin}c = \operatorname{Cotg}\beta\\
&10)\quad \operatorname{Cotg}c\operatorname{Sin}b = \operatorname{Cotg}\gamma.
\end{aligned}$$

Indem man $\alpha = 90^0$ setzt, entspringen die Gleichungen 1) und 2) aus §. 218, die Gleichung 3) aus §. 212 1), die Gleichungen 4) 5) 6) aus §. 213 1), 2), 3).

Aus 1) folgt

$$\frac{\operatorname{Sin} b}{\operatorname{Sin} a} = \operatorname{Sin} \beta,$$

aus 3)

$$\frac{\operatorname{Cos} a}{\operatorname{Cos} b} = \operatorname{Cos} c;$$

das Product dieser Gleichungen ist

$$\operatorname{Cotg} a \operatorname{Tg} b = \operatorname{Cos} c \operatorname{Sin} \beta$$

oder 6) angewendet

$$\operatorname{Cotg} a \operatorname{Tg} b = \operatorname{Cos} \gamma.$$

Das ist die Formel 7). Eben so findet sich die 8) aus 2), 3) und 5).

Nach 3) ist

$$\operatorname{Cos} b \operatorname{Sin} \gamma = \operatorname{Cos} \beta$$

und es ist nach §. 218

$$\frac{\operatorname{Sin} c}{\operatorname{Sin} b} = \frac{\operatorname{Sin} \gamma}{\operatorname{Sin} \beta},$$

also, wenn man multiplicirt

$$\operatorname{Cotg} b \operatorname{Sin} c = \operatorname{Cotg} \beta.$$

Das ist die Gleichung 9). Eben so findet sich 10).

Die oberen zehn Gleichungen reichen aus, um, wenn $\alpha = 90^0$ ist, und von den fünf Stücken a, b, c, β, γ zwei gegeben sind, die übrigen drei zu berechnen. Die Verbindungen je dreier dieser fünf Stücke sind nämlich folgende zehn:

a b c
a b β
a b γ
a c β
a c γ
a β γ
b c β
b c γ
b β γ
c β γ

und die oberen Gleichungen entsprechen diesen Verbindungen. Sind demnach zwei von den Ausdrücken a, b, c, β, γ gegeben, so finden sich jedesmal unter den zehn Gleichungen drei, aus welchen die drei nicht gegebenen Ausdrücke sofort sich entnehmen lassen.

II. Berechnung körperlicher Dreiecke.

§. 220. Aufgabe.

Von einem körperlichen Dreieck sind zwei Seiten a und b, und der von ihnen gebildete Winkel γ gegeben, man soll die dritte Seite c, und die den Seiten a und b beziehlich gegenüberliegenden Winkel α und β bestimmen.

Auflösung. Die Seite c giebt die Gleichung §. 212 3). Die Winkel α und β bestimmen sich vermittelst der Neper'schen Analogien §. 217 1) und 2). Auch findet sich c sehr bequem, nachdem α und β berechnet sind, aus §. 217 3) oder 4).

§. 221. Aufgabe.

Von einem körperlichen Dreieck sind eine Seite c gegeben und die beiden an derselben liegenden Winkel α und β, man soll den dritten Winkel γ bestimmen und die Seiten a und b, welche beziehlich den Winkeln α und β gegenüberstehen.

Auflösung. Die Gleichung §. 213 3) giebt den Winkel γ, die Gleichungen §. 217 3) und 4) gewähren die Seiten a und b. Auch erhält man γ durch §. 217 1) oder 2), nachdem a und b berechnet sind.

§. 222. Aufgabe.

Von einem körperlichen Dreieck sind die drei Seiten a, b, c gegeben, man soll die Winkel α, β, γ bestimmen.

Auflösung. Sie ergeben sich sofort aus §. 214.

§. 223. Aufgabe.

Von einem körperlichen Dreieck sind die drei Winkel α, β, γ gegeben, man soll die Seiten a, b, c finden.

Auflösung. Sie ergeben sich aus §. 215.

§. 224. Aufgabe.

Von einem körperlichen Dreieck sind zwei Seiten a und b gegeben, und der Winkel α, welcher der Seite a gegenübersteht, man soll die dritte Seite c bestimmen und die Winkel β und γ, welche beziehlich den Seiten b und c gegenüberstehen.

Auflösung. Man hat zuvörderst

$$\operatorname{Sin} a \operatorname{Sin} \beta = \operatorname{Sin} b \operatorname{Sin} \alpha$$

und daraus

$$\operatorname{Sin}\beta = \frac{\operatorname{Sin} b \operatorname{Sin}\alpha}{\operatorname{Sin} a}.$$

Hier ist, wie sich bald zu erkennen giebt, wenn man das körperliche Dreieck näher betrachtet,

β zweideutig, wenn

$\alpha < 90^0$, $b < 90^0$, $a < b$
$\alpha > 90^0$, $b > 90^0$, $a > b$
$\alpha < 90^0$, $b > 90^0$, $a < 180^0 - b$
$\alpha > 90^0$, $b < 90^0$, $a > 180^0 - b$,

β spitz, wenn

$\alpha < 90^0$, $b < 90^0$, $a > b$
$\alpha > 90^0$, $b < 90^0$, $a < 180^0 - b$,

β stumpf, wenn

$\alpha > 90^0$, $b > 90^0$, $a < b$
$\alpha < 90^0$, $b > 90^0$, $a > 180^0 - b$.

Nachdem β bekannt ist, bediene man sich zur Bestimmung der Seite c einer der Formeln §. 217 3), 4). Die Bestimmung des Winkels γ erfolgt dann vermittelst der Gleichung 1) oder 2) in §. 217.

§. 225. Aufgabe.

Von einem körperlichen Dreieck sind zwei Winkel α und β gegeben, und die Seite a, welche dem Winkel α gegenüber steht, man soll den dritten Winkel γ bestimmen, und die Seiten b und c, welche beziehlich den Winkeln β und γ gegenüber liegen.

Auflösung. Man hat

$$\operatorname{Sin} a \operatorname{Sin}\beta = \operatorname{Sin} b \operatorname{Sin}\alpha$$

und daraus

$$\operatorname{Sin} b = \frac{\operatorname{Sin} a \operatorname{Sin}\beta}{\operatorname{Sin}\alpha}.$$

Hier ist

b zweideutig, wenn

$\beta < 90^0$, $a < 90^0$, $\alpha < \beta$
$\beta > 90^0$, $a > 90^0$, $\alpha > \beta$
$\beta < 90^0$, $a > 90^0$, $\alpha > 180^0 - \beta$
$\beta > 90^0$, $a < 90^0$, $\alpha < 180^0 - \beta$,

b spitz, wenn

$\beta < 90^0$, $a < 90^0$, $\alpha > \beta$
$\beta < 90^0$, $a > 80^0$, $\alpha < 180^0 - \beta$,

b stumpf, wenn

$\beta > 90^0$, $a > 90^0$, $\alpha < \beta$

$\beta > 90^0$, $a < 90^0$, $\alpha > 180^0 - \beta$.

Nachdem b ermittelt ist, bestimmen sich c und γ durch §. 217.

§. 226.

Uebungsaufgaben.

1) Zwei Seiten eines körperlichen Dreiecks sind 70° 20′ 50″ und 38° 28′, der Winkel, welchen diese Seiten bilden, ist 52° 30′; man soll die dritte Seite des Dreiecks und die beiden anderen Winkel berechnen.

Die dritte Seite ist 51° 41′ 14″, die beiden anderen Winkel sind 107° 47′ 7″ und 38° 58′ 27″.

2) Eine Seite eines körperlichen Dreiecks sei 69° 50′, die beiden daran liegenden Winkel seien 146° 58′ 9″ und 42° 54′ 47″, man soll die beiden anderen Seiten des Dreiecks finden und den dritten Winkel.

Die Seiten sind 109° 39′ 10″ und 46° 42′, der dritte Winkel ist 32° 54′ 28″.

3) Die drei Seiten eines körperlichen Dreiecks seien 46° 33′ 41″, 115° 9′ 7″ und 35° 46′ 15″; man soll die drei Winkel finden.

Sie sind 51° 2′, 73° 58′ 54″ und 38° 45′.

4) Die drei Winkel eines körperlichen Dreiecks seien 40° 38′ 38″, 53° 2′ 8″ und 123° 8′ 11″; man soll die drei Seiten berechnen.

Sie sind 50°, 70°, 100°.

III. Vermischte Aufgaben.

§. 227. Aufgabe.

Von einem körperlichen Dreieck sind die drei Seiten a, b, c gegeben, man soll die Winkel bestimmen, welche die Kanten mit den gegenüberstehenden Ebenen bilden.

Auflösung. Die Kante, in welcher die Ebenen der Seiten a und b sich schneiden, bilde mit der Ebene der Seite c den Winkel x. Man denke die Ebene des Winkels x. Es entsteht dadurch ein rechtwinkliges körperliches Dreieck, welches die Seite a zur Hypotenuse und den Winkel x zur einen Kathete hat. Der Winkel, welcher in dem rechtwinkligen körperlichen Dreieck der Kathete x gegenüber steht, ist der Winkel β, welcher in dem gegebenen körperlichen Dreieck der Seite b gegenüber steht. Nach §. 219 1) ist

$$\operatorname{Sin} x = \operatorname{Sin} a \operatorname{Sin} \beta.$$

Nach §. 214 ist

$$\operatorname{Cos} \tfrac{1}{2} \beta = \sqrt{\frac{\operatorname{Sin} \frac{1}{2}(a+b+c) \operatorname{Sin} \frac{1}{2}(a-b+c)}{\operatorname{Sin} a \operatorname{Sin} c}}$$

$$\operatorname{Sin} \tfrac{1}{2} \beta = \sqrt{\frac{\operatorname{Sin} \frac{1}{2}(a+b-c) \operatorname{Sin} \frac{1}{2}(-a+b+c)}{\operatorname{Sin} a \operatorname{Sin} c}}.$$

Das doppelte Product dieser Gleichungen ist

$$\operatorname{Sin} \beta = \frac{2\sqrt{\operatorname{Sin} \frac{1}{2}(a+b+c) \operatorname{Sin} \frac{1}{2}(a+b-c) \operatorname{Sin} \frac{1}{2}(a-b+c) \operatorname{Sin} \frac{1}{2}(-a+b+c)}}{\operatorname{Sin} a \operatorname{Sin} c}$$

und wenn man diesen Werth oben substituirt, ergiebt sich

$$\operatorname{Sin} x = \frac{2}{\operatorname{Sin} c} \sqrt{\operatorname{Sin} \tfrac{1}{2}(a+b+c) \operatorname{Sin} \tfrac{1}{2}(a+b-c) \operatorname{Sin} \tfrac{1}{2}(a-b+c) \operatorname{Sin} \tfrac{1}{2}(-a+b+c)}.$$

Die beiden anderen geforderten Winkel lassen sich hiernach sofort angeben.

§. 228. Aufgabe.

Die drei Seiten eines körperlichen Dreiecks seien a, b, c; man soll die Winkel bestimmen, welche die Projection der Kante, in welcher die Ebenen a und b sich schneiden, auf der Ebene a mit den Kanten in dieser Ebene macht.

Auflösung. Die Kante, in welcher die Ebenen a und b sich schneiden, bilde mit der Ebene c den Winkel z. Die Projection dieser Kante auf der Ebene c bilde mit der Kante, in welcher a und c sich schneiden, den Winkel x, mit der Kante, in welcher b und c sich schneiden, den Winkel y. Der Winkel y ist gleich c — x oder gleich x — c. Nach §. 219 3) hat man

$$\operatorname{Cos} z \operatorname{Cos} x = \operatorname{Cos} a$$

$$\operatorname{Cos} z \operatorname{Cos}(c - x) = \operatorname{Cos} b.$$

Die zweite Gleichung gilt zugleich für den Fall, daß der Winkel y gleich x — c wäre, weil Cos(x — c) = Cos(c — x) ist. Man dividire die zweite Gleichung durch die erste; das liefert

$$\frac{\operatorname{Cos}(c-x)}{\operatorname{Cos} x} = \frac{\operatorname{Cos} b}{\operatorname{Cos} a}$$

und daraus folgt

$$\operatorname{Cos}(c-x) \operatorname{Cos} a = \operatorname{Cos} b \operatorname{Cos} x$$

$$\operatorname{Cos} a \operatorname{Cos} c \operatorname{Cos} x + \operatorname{Cos} a \operatorname{Sin} c \operatorname{Sin} x = \operatorname{Cos} b \operatorname{Cos} x$$

$$\mathrm{Cos\,a\,Sin\,c\,Tg\,x} = \mathrm{Cos\,b} - \mathrm{Cos\,a\,Cos\,c}$$

$$\mathrm{Tg\,x} = \frac{\mathrm{Cos\,b}}{\mathrm{Cos\,a\,Sin\,c}} - \mathrm{Cotg\,c}.$$

Hierin vertausche man a und b und setze y statt x, und es folgt zur Bestimmung des anderen Winkels y

$$\mathrm{Tg\,y} = \frac{\mathrm{Cos\,a}}{\mathrm{Cos\,b\,Sin\,c}} - \mathrm{Cotg\,c}.$$

§. 229. Aufgabe.

Von einem körperlichen Dreieck ist eine Seite c, der ihr gegenüberliegende Winkel γ, und die Summe q der beiden anderen Seiten gegeben, man soll das Dreieck berechnen.

Auflösung. Die eine der Seiten, deren Summe q ist, sei x, dann ist die andere q—x. Die Winkel, welche beziehlich den Seiten q—x und x gegenüberstehen, seien y und z. Nach den Gleichungen §. 216 3) und 4) hat man sofort

$$1)\qquad \mathrm{Cos}\tfrac{1}{2}(y+z) = \frac{\mathrm{Cos}\tfrac{1}{2}q\,\mathrm{Sin}\tfrac{1}{2}\gamma}{\mathrm{Cos}\tfrac{1}{2}c},$$

$$2)\qquad \mathrm{Cos}\tfrac{1}{2}(y-z) = \frac{\mathrm{Sin}\tfrac{1}{2}q\,\mathrm{Sin}\tfrac{1}{2}\gamma}{\mathrm{Sin}\tfrac{1}{2}c},$$

und hierdurch findet man die Winkel y und z. Nach der ersten Gaußschen Gleichung hat man dann weiter

$$3)\quad \mathrm{Cos}\tfrac{1}{2}(q-2x) = \frac{\mathrm{Sin}\tfrac{1}{2}(y+z)\,\mathrm{Cos}\tfrac{1}{2}c}{\mathrm{Sin}\tfrac{1}{2}\gamma},$$

woraus sich x findet.

Man kann auch im Allgemeinen in 3) den Werth für $\mathrm{Sin}\tfrac{1}{2}(y+z)$ nach 1) substituiren; das liefert

$$\mathrm{Cos}\tfrac{1}{2}(q-2x) = \frac{1}{\mathrm{Cos}\tfrac{1}{2}\gamma}\sqrt{\mathrm{Cos}\tfrac{1}{2}c^2 - \mathrm{Cos}\tfrac{1}{2}q^2\,\mathrm{Sin}\tfrac{1}{2}\gamma^2}$$

und wendet man hierauf die Formel an $\mathrm{Cos}\,\varphi = 2\,\mathrm{Cos}\tfrac{1}{2}\varphi^2 - 1$, so entsteht

$$\mathrm{Cos}(q-2x) = \frac{2\,\mathrm{Cos}\tfrac{1}{2}c^2 - 2\,\mathrm{Cos}\tfrac{1}{2}q^2\,\mathrm{Sin}\tfrac{1}{2}\gamma^2 - \mathrm{Cos}\tfrac{1}{2}\gamma^2}{\mathrm{Cos}\tfrac{1}{2}\gamma^2}$$

$$= \frac{1+\mathrm{Cos\,c} - (1+\mathrm{Cos\,q})\,\mathrm{Sin}\tfrac{1}{2}\gamma^2 - \mathrm{Cos}\tfrac{1}{2}\gamma^2}{\mathrm{Cos}\tfrac{1}{2}\gamma^2}$$

$$= \mathrm{Cos\,c\,Sec}\tfrac{1}{2}\gamma^2 - \mathrm{Cos\,q\,Tg}\tfrac{1}{2}\gamma^2.$$

§. 230. Aufgabe.

Von einem körperlichen Dreieck ist eine Seite c, der ihr

gegenüberliegende Winkel γ und die Differenz d der beiden anderen Seiten gegeben, man soll das Dreieck berechnen.

Auflösung. Die eine der Seiten, deren Differenz d ist, sei x, und es ist die andere d + x; die Winkel, welche beziehlich den Seiten d + x gegenüberstehen, seien y und z. Nach den beiden ersten Gaußschen Gleichungen hat man

$$1)\qquad \operatorname{Sin}\tfrac{1}{2}(y+z) = \frac{\operatorname{Cos}\frac{1}{2}d \operatorname{Cos}\frac{1}{2}\gamma}{\operatorname{Cos}\frac{1}{2}c},$$

$$2)\qquad \operatorname{Sin}\tfrac{1}{2}(y-z) = \frac{\operatorname{Sin}\frac{1}{2}d \operatorname{Cos}\frac{1}{2}\gamma}{\operatorname{Sin}\frac{1}{2}c}.$$

Dadurch ergeben sich die Winkel y und z. Die dritte Gaußsche Gleichung liefert alsdann

$$3)\qquad \operatorname{Cos}\tfrac{1}{2}(d+2x) = \frac{\operatorname{Cos}\frac{1}{2}(y+z)\operatorname{Cos}\frac{1}{2}c}{\operatorname{Sin}\frac{1}{2}\gamma}.$$

Will man im Allgemeinen substituiren, so entsteht

$$\operatorname{Cos}\tfrac{1}{2}(d+2x) = \sqrt{\frac{1}{\operatorname{Sin}\frac{1}{2}\gamma}}\sqrt{\operatorname{Cos}\tfrac{1}{2}c^2 - \operatorname{Cos}\tfrac{1}{2}d^2\operatorname{Cos}\tfrac{1}{2}\gamma^2}$$

und hieraus, wie in der vorigen Aufgabe,

$$\operatorname{Cos}(d+2x) = \operatorname{Cos}c\operatorname{Cosec}\tfrac{1}{2}\gamma^2 - \operatorname{Cos}d\operatorname{Cotg}\tfrac{1}{2}\gamma^2.$$

§. 231.

Wäre von einem körperlichen Dreieck ein Winkel, die gegenüberstehende Seite, und die Summe oder die Differenz der beiden anderen Winkel gegeben, so würde man, wie in den vorstehenden beiden Aufgaben, das Dreieck vermittelst der Gaußschen Gleichungen berechnen.

§. 232. Aufgabe.

Von einem körperlichen Dreieck ist eine Seite c, die Summe q der beiden anderen Seiten, und die Summe φ der beiden Winkel gegeben, welche an c liegen; man soll das Dreieck berechnen.

Auflösung. Die beiden anderen Seiten seien q — x und x, die ihnen beziehlich gegenüberstehenden Winkel $\varphi - y$ und y, der dritte Winkel sei z. Nach §. 216 3) ist

$$1)\qquad \operatorname{Sin}\tfrac{1}{2}z = \frac{\operatorname{Cos}\frac{1}{2}c\operatorname{Cos}\frac{1}{2}\varphi}{\operatorname{Cos}\frac{1}{2}q}.$$

Hierdurch ist z bestimmt. Nach der ersten und vierten Gaußschen Gleichung ist dann weiter

$$2)\qquad \operatorname{Cos}\tfrac{1}{2}(q-2x) = \frac{\operatorname{Cos}\frac{1}{2}c\operatorname{Sin}\frac{1}{2}\varphi}{\operatorname{Cos}\frac{1}{2}z}$$

und 3) $\mathrm{Cos}\,\tfrac{1}{2}(\varphi - 2y) = \dfrac{\mathrm{Sin}\,\tfrac{1}{2}q\,\mathrm{Sin}\,\tfrac{1}{2}z}{\mathrm{Sin}\,\tfrac{1}{2}c}$,

und diese Gleichungen liefern x und y.

Will man im Allgemeinen substituiren, so entsteht

$$\mathrm{Cos}\,\tfrac{1}{2}(q - 2x) = \frac{\mathrm{Cos}\,\tfrac{1}{2}c\,\mathrm{Cos}\,\tfrac{1}{2}q\,\mathrm{Sin}\,\tfrac{1}{2}\varphi}{\sqrt{\mathrm{Cos}\,\tfrac{1}{2}q^2 - \mathrm{Cos}\,\tfrac{1}{2}c^2\,\mathrm{Cos}\,\tfrac{1}{2}\varphi^2}}$$

$$\mathrm{Cos}\,\tfrac{1}{2}(\varphi - 2y) = \mathrm{Cotg}\,\tfrac{1}{2}c\,\mathrm{Tg}\,\tfrac{1}{2}q\,\mathrm{Cos}\,\tfrac{1}{2}\varphi.$$

§. 233.

Es bezeichne c die Seite eines körperlichen Dreiecks, γ den ihr gegenüberstehenden Winkel, q die Summe der anderen Seiten, d ihre Differenz, φ die Summe der an c liegenden Winkel, δ ihre Differenz. Ist nun gegeben

c, q, δ
oder c, d, φ
oder c, d, δ
oder γ, q, φ
oder γ, q, δ
oder γ, d, φ
oder γ, d, δ,

so läßt sich in jedem dieser Fälle das Dreieck wie in der vorstehenden Aufgabe vermittelst der Gaußschen Gleichungen berechnen.

§. 234. Aufgabe.

Von dem körperlichen Dreieck Fig. 23 ist der Winkel α gegeben. DH sei die Projection der Kante DE auf der Seitenebene FDG. Es ist ferner gegeben der Winkel HDF gleich n und der Winkel HDG gleich q. Man soll das Dreieck berechnen.

Auflösung. Der Winkel HEF sei x, der Winkel HEG sei y, der Winkel EDH sei z. Nach §. 219 ist

$$\mathrm{Cotg}\,n\,\mathrm{Sin}\,z = \mathrm{Cotg}\,x$$
$$\mathrm{Cotg}\,q\,\mathrm{Sin}\,z = \mathrm{Cotg}\,y.$$

Hieraus folgt

$$\mathrm{Cotg}\,q : \mathrm{Cotg}\,n = \mathrm{Cotg}\,y : \mathrm{Cotg}\,x$$
$$\mathrm{Cotg}q + \mathrm{Cotg}n : \mathrm{Cotg}q - \mathrm{Cotg}n = \mathrm{Cotg}y + \mathrm{Cotg}x : \mathrm{Cotg}y - \mathrm{Cotg}x$$
$$\mathrm{Sin}(n+q) : \mathrm{Sin}(n-q) = \mathrm{Sin}(x+y) : \mathrm{Sin}(x-y).$$

Vermittelst dieser Proportion findet man x — y. Da nämlich x + y gleich α ist, so folgt

$$\mathrm{Sin}(x-y) = \frac{\mathrm{Sin}(n-q)}{\mathrm{Sin}(n+q)}\mathrm{Sin}\,\alpha.$$

Kennt man aber $x - y$, so finden sich, weil man auch $x + y$ kennt, leicht x und y, und vermittelst dieser Winkel die übrigen Stücke des Dreiecks.

Die Projection DH der Kante DE auf der Seitenebene FDG kann außerhalb der Winkelebene FDG liegen. In einem solchen Fall wird nicht $x + y$, sondern $x - y$ oder $y - x$ gleich α, und es kann aus der oberen Proportion $x + y$ entnommen werden, während alsdann $x - y$ bekannt ist.

§. 235. Aufgabe.

Die drei Seiten des körperlichen Dreiecks Fig. 23 sind gegeben, FG gleich a, FE gleich b, EG gleich c. Durch die Kante DE ist eine Ebene gelegt, welche die Seitenebene FDG in der Linie DH schneidet, und es ist der Winkel HDF gleich n gegeben. Man soll den Winkel EDH berechnen.

Auflösung. Der Winkel, welcher der Seite c gegenüber steht, sei z. Es ist

$$\mathrm{Cos}\,EDH = \mathrm{Cos}\,b\,\mathrm{Cos}\,n + \mathrm{Sin}\,b\,\mathrm{Sin}\,n\,\mathrm{Cos}\,z$$
$$\mathrm{Cos}\,c = \mathrm{Cos}\,a\,\mathrm{Cos}\,b + \mathrm{Sin}\,a\,\mathrm{Sin}\,b\,\mathrm{Cos}\,z.$$

Aus der zweiten Gleichung folgt

$$\mathrm{Sin}\,b\,\mathrm{Cos}\,z = \frac{\mathrm{Cos}\,c - \mathrm{Cos}\,a\,\mathrm{Cos}\,b}{\mathrm{Sin}\,a}.$$

Diesen Werth substituire man in der ersten Gleichung. Das liefert

$$\mathrm{Cos}\,EDH = \mathrm{Cos}\,b\,\mathrm{Cos}\,n + \frac{\mathrm{Cos}\,c - \mathrm{Cos}\,a\,\mathrm{Cos}\,b}{\mathrm{Sin}\,a}\,\mathrm{Sin}\,n.$$

§. 236. Aufgabe.

Die drei Seiten a, b, c eines körperlichen Dreiecks sind gegeben. Die beiden Seitenebenen b und c sind durchschnitten durch eine Ebene, welche durch die Spitze des körperlichen Dreiecks geht. Die Durchschnittslinie dieser Ebene in der Ebene b bildet mit der Kante, in welcher die Seitenebenen b und c sich schneiden, den gegebenen Winkel b′, die Durchschnittslinie der Ebene mit der Ebene c bildet mit derselben Kante den Winkel c′. Man soll den Winkel bestimmen, welchen die Durchschnittslinien mit einander bilden.

Auflösung. Der verlangte Winkel sei x. Der Seite a stehe der Winkel z gegenüber. Man hat

$$\mathrm{Cos}\,x = \mathrm{Cos}\,b'\,\mathrm{Cos}\,c' + \mathrm{Sin}\,b'\,\mathrm{Sin}\,c'\,\mathrm{Cos}\,z$$
$$\mathrm{Cos}\,a = \mathrm{Cos}\,b\,\mathrm{Cos}\,c + \mathrm{Sin}\,b\,\mathrm{Sin}\,c\,\mathrm{Cos}\,z.$$

Aus der zweiten Gleichung entwickele man Cos z, und substituire den Werth in der ersten; dadurch entsteht

$$\operatorname{Cos} x = \operatorname{Cos} b' \operatorname{Cos} c' + \frac{\operatorname{Cos} a - \operatorname{Cos} b \operatorname{Cos} c}{\operatorname{Sin} b \operatorname{Sin} c} \operatorname{Sin} b' \operatorname{Sin} c'.$$

§. 237. Aufgabe.

Ein gegebener Winkel α liege in einer gegen den Horizont geneigten Ebene. Die Winkel β und γ, welche seine Schenkel mit der Horizontalebene bilden, sind gegeben. Man soll den Winkel x bestimmen, den die Projectionen der Schenkel auf der Horizontalebene mit einander bilden.

Erste Auflösung. Man denke durch den Scheitelpunkt des Winkels α eine Ebene, welche mit der Horizontalebene parallel ist. Die Schenkel des Winkels α bilden mit dieser Ebene ebenfalls die Winkel β und γ, und ihre Projectionen auf dieser Ebene den Winkel x. Es ist ein körperliches Viereck entstanden, dessen Seiten β, α, γ, x sind, und welches an der Seite x zwei rechte Winkel enthält. Man denke eine Diagonalebene, etwa die, welche durch die Kante geht, in der die Ebenen α und γ sich schneiden. Das körperliche Viereck wird durch diese Ebene in zwei körperliche Dreiecke zerlegt, von denen das eine rechtwinklig ist. Die Katheten des letzteren sind γ und x, die Hypotenuse sei y, der γ gegenüberliegende Winkel sei z. Man hat alsdann

$$1)\qquad \operatorname{Sin} y \operatorname{Sin} z = \operatorname{Sin} \gamma$$

$$2)\qquad \operatorname{Cos} \gamma \operatorname{Cos} x = \operatorname{Cos} y$$

$$\operatorname{Cos} \alpha = \operatorname{Cos} \beta \operatorname{Cos} y + \operatorname{Sin} \beta \operatorname{Sin} y \operatorname{Cos}(90 - z)$$

oder

$$3)\qquad \operatorname{Cos} \alpha = \operatorname{Cos} \beta \operatorname{Cos} y + \operatorname{Sin} \beta \operatorname{Sin} y \operatorname{Sin} z.$$

In 3) substituire man den Werth für Sin y Sin z aus 1) und den Werth für Cos y aus 2); das liefert

$$\operatorname{Cos} \alpha = \operatorname{Cos} \beta \operatorname{Cos} \gamma \operatorname{Cos} x + \operatorname{Sin} \beta \operatorname{Sin} \gamma$$

und daraus folgt

$$\operatorname{Cos} x = \frac{\operatorname{Cos} \alpha - \operatorname{Sin} \beta \operatorname{Sin} \gamma}{\operatorname{Cos} \beta \operatorname{Cos} \gamma}.$$

Addirt man hier zu beiden Seiten 1 oder subtrahirt man die Gleichung von 1 = 1, so ergeben sich die für die Berechnung mit Logarithmen bequemeren Formeln

$$\operatorname{Cos} \tfrac{1}{2} x = \sqrt{\frac{\operatorname{Cos} \frac{1}{2}(\alpha + \beta + \gamma) \operatorname{Cos} \frac{1}{2}(-\alpha + \beta + \gamma)}{\operatorname{Cos} \beta \operatorname{Cos} \gamma}}$$

$$\operatorname{Sin} \tfrac{1}{2} x = \sqrt{\frac{\operatorname{Sin} \frac{1}{2}(\alpha + \beta - \gamma) \operatorname{Sin} \frac{1}{2}(\alpha - \beta + \gamma)}{\operatorname{Cos} \beta \operatorname{Cos} \gamma}}.$$

Zweite Auflösung. Man denke durch den Scheitelpunkt des Winkels α eine Ebene, welche mit der Horizontalebene parallel ist, und durch jeden Schenkel des Winkels α eine Verticalebene. Die Durchschnittslinie der beiden Verticalebenen steht in dem Scheitelpunkt des Winkels α auf jener Horizontalebene normal. Der Winkel, welchen die Durchschnittslinie der beiden Verticalebenen mit dem einen Schenkel des Winkels α bildet, ist $90-\beta$, der, welchen sie mit dem anderen bildet, ist $90-\gamma$. Die beiden Verticalebenen bilden den verlangten Winkel x. Oberhalb der schiefen Ebene, in welcher der Winkel α sich befindet, liegt ein körperliches Dreieck, dessen Seiten α, $90-\beta$, $90-\gamma$ sind, und welches den Winkel x enthält, der Seite α gegenüber. Aus diesem Dreieck hat man die Gleichung

$$\text{Cos}\,\alpha = \text{Cos}(90-\beta)\,\text{Cos}(90-\gamma) + \text{Sin}(90-\beta)\,\text{Sin}(90-\gamma)\,\text{Cos}\,x$$

oder

$$\text{Cos}\,\alpha = \text{Sin}\,\beta\,\text{Sin}\,\gamma + \text{Cos}\,\beta\,\text{Cos}\,\gamma\,\text{Cos}\,x$$

und hieraus

$$\text{Cos}\,x = \frac{\text{Cos}\,\alpha - \text{Sin}\,\beta\,\text{Sin}\,\gamma}{\text{Cos}\,\beta\,\text{Cos}\,\gamma}.$$

Dies ist der bereits oben gefundene Ausdruck, welcher noch reducirt worden.

§. 238. Aufgabe.

Die Punkte A, B, C Fig. 24 befinden sich in einer horizontalen Ebene. Der Punkt D liegt oberhalb dieser horizontalen Ebene. Die Projection des Punktes D auf der horizontalen Ebene ist E. Aus dem Punkte D seien die Winkel ADB, BDC und ADC, welche beziehlich durch a, b, c bezeichnet sind, gemessen. Die Lage der Projection E in der horizontalen Ebene ist unbekannt. In der horizontalen Ebene seien ferner die einen oder die anderen Stücke gemessen, welche wir noch besonders festsetzen werden. Man soll jedesmal die Lage der Punkte A, B, C, D E zu einander bestimmen.

I. Es seien noch gemessen die Winkel BAC und CAD, und die Seite AB. Ueberhaupt sind also in dem gegenwärtigen Fall gegeben die Stücke a, b, c, e, f und AB.

Auflösung. 1) Aus den drei Seiten a, b, c läßt sich der Winkel β des körperlichen Dreiecks berechnen. Dieser Winkel ist gleich ε. Und da e und f gegeben sind, so kann man die Seite d des körperlichen Dreiecks finden, dessen Seiten d, e, f sind.

2) Von dem ebenen Dreieck ABD ist jetzt die Seite AB,

der Winkel BAD und der Winkel ADB bekannt. Daher kann man berechnen die Seiten AD und BD, und den Winkel ABD.

3) Von dem ebenen Dreieck ACD kennt man hiernach die Seite AD, den Winkel CAD und den Winkel ADC. Man kann daher finden die Seiten AC und CD und den Winkel ACD.

4) Aus dem Dreieck BDC, von welchem man die Seiten BD und CD, und den Winkel BDC kennt, lassen sich die Seite BC finden und die beiden andern Winkel des Dreiecks. Auch das Dreieck ABC ist vollständig gegeben.

5) Aus dem körperlichen Dreieck, dessen Seiten d, e, f sind, berechne man den Winkel φ.

6) Man fälle die Normale DF auf AB und ziehe FE. Der Winkel DFE ist φ. Es ist $\mathrm{AD\,Sin\,d} = \mathrm{DF}$, und $\mathrm{DF\,Sin}\,\varphi = \mathrm{DE}$, daher

$$\mathrm{DE} = \mathrm{AD\,Sin\,d\,Sin}\,\varphi.$$

7) Aus den rechtwinkligen Dreiecken ADE, BDE und CDE, von welchen man die Hypotenusen und die gemeinschaftliche Kathete DE kennt, findet man endlich die Stücke AE, BE und CE.

Dann ist aber alles bekannt, welches erforderlich ist, die Lage der Punkte A, B, C, D, E zu einander zu bestimmen.

II. Es seien noch gemessen die drei Seiten des Dreiecks ABC und der Winkel BAD.

Auflösung. 1) Von dem Dreieck ABD sind die Seite AB, der Winkel BAD und der Winkel ADB bekannt. Man kann dabei berechnen AD, BD, den Winkel ABD.

2) Aus dem körperlichen Dreieck, dessen Seiten a, b, c sind, entnehme man den Winkel γ. Diesem ist μ gleich.

3) Von dem körperlichen Dreieck, dessen Seiten k, l, m sind, kennt man die Seite k, die Seite m, und den Winkel μ. Daher kann man die Seite l finden, auch den Winkel ϱ, welchen die Linie BD mit ihrer Projection BE bildet.

4) Aus dem rechtwinkligen Dreieck BDE, von welchem BD und ϱ bekannt sind, entnehme man DE und BE.

5) Aus dem Dreieck BDC findet sich CD.

6) Aus ADE findet man AE und aus CDE noch CE.

III. Es seien noch gemessen die Seite AB und die Winkel DAE, DBE und DCE, welche beziehlich durch σ, ϱ, τ bezeichnet sein mögen.

1) Man hat

$$\mathrm{AD} = \frac{\mathrm{DE}}{\mathrm{Sin}\,\sigma}$$

$$BD = \frac{DE}{\operatorname{Sin}\varrho}$$

$$\begin{aligned} AB^2 &= AD^2 + BD^2 - 2AD \cdot BD \operatorname{Cos} a \\ &= \frac{DE^2}{\operatorname{Sin}\sigma^2} + \frac{DE^2}{\operatorname{Sin}\varrho^2} - 2\frac{DE}{\operatorname{Sin}\sigma} \cdot \frac{DE}{\operatorname{Sin}\varrho} \operatorname{Cos}\alpha \\ &= \frac{\operatorname{Sin}\varrho^2 + \operatorname{Sin}\sigma^2 - 2\operatorname{Sin}\sigma\operatorname{Sin}\varrho\operatorname{Cos} a\, DE^2}{\operatorname{Sin}\sigma^2\operatorname{Sin}\varrho^2} \end{aligned}$$

und hieraus folgt

$$DE = \frac{AB\operatorname{Sin}\sigma\operatorname{Sin}\varrho}{\sqrt{\operatorname{Sin}\sigma^2 + \operatorname{Sin}\varrho^2 - 2\operatorname{Sin}\sigma\operatorname{Sin}\varrho\operatorname{Cos} a}}.$$

2) Vermittelst DE und der gegebenen Winkel σ, ϱ, τ findet man AE, BE, CE, CD.

3) Aus AD, CD und c findet man AC, und vermittelst BD, CD und b die Seite BC.

Diese Aufgabe hat in der Feldmeßkunst Interesse. Sie gestattet viele andere Fälle, je nach den Stücken, welche außer den Winkeln a, b, c gegeben sind. Die Aufgabe läßt sich dahin erweitern, daß zwei oder mehr Punkte außerhalb der horizontalen Ebene gebraucht werden, und mehr als drei Punkte in der horizontalen Ebene.

§. 239. Aufgabe.

Man nehme Fig. 25 die Linien DE und DF normal auf einander an, und die Linie DG normal auf einer jeden der beiden Linien DE und DF. Die Lage einer Ebene GLM ist bestimmt durch die Stücke a, b, c; die Lage einer zweiten Ebene HFE durch die Stücke n, p, q: man soll den Winkel x bestimmen, welcher von diesen Ebenen gebildet wird.

Auflösung. Man betrachte zuvörderst das körperliche Dreieck, dessen Kanten die Linien VS, VH und VM sind. Die Seite MVH desselben sei y; ihr gegenüber liegt der Winkel x. Die beiden anderen Winkel des Dreiecks liegen an den Kanten VH und VM. Buchstaben zu ersparen, sollen diese Winkel beziehlich durch VH und VM bezeichnet werden. Es ist alsdann

$$\operatorname{Cos}x = -\operatorname{Cos}VH\operatorname{Cos}VM + \operatorname{Sin}VH\operatorname{Sin}VM\operatorname{Cos}\varphi$$

oder

1) $\operatorname{Cos}x = [-1 + \operatorname{Tg}VH\operatorname{Tg}VM\operatorname{Cos}\varphi]\operatorname{Cos}VH\operatorname{Cos}VM.$

Man betrachte ferner das körperliche Dreieck, dessen Kanten die Linien HD, HE, HF sind. Dies Dreieck ist an der Kante HD rechtwinklig; es enthält den Winkel VH; die ihm gegen=

überstehende Kathete DHF sei z', die ihm anliegende Kathete DHE sei z. Es ist nach §. 219

$$\operatorname{Tg} VH \operatorname{Sin} z = \operatorname{Tg} z'.$$

Hieraus folgt

$$\operatorname{Tg} VH = \frac{\operatorname{Tg} z'}{\operatorname{Sin} z}.$$

Es erhellet leicht, daß

$$\operatorname{Tg} z' = \frac{q}{n}$$

ist, und es ist
$$\operatorname{Sin} z = \frac{p}{HE}$$

oder
$$\operatorname{Sin} z = \frac{p}{\sqrt{n^2 + p^2}}.$$

Die Werthe für Tgz' und Sinz substituire man, das liefert

2)
$$\operatorname{Tg} VH = \frac{q\sqrt{n^2 + p^2}}{np}.$$

Bekanntlich ist

$$\operatorname{Cos} = \frac{1}{\sqrt{1 + \operatorname{Tg}^2}},$$

daher folgt

3)
$$\operatorname{Cos} VH = \frac{np}{\sqrt{n^2p^2 + n^2q^2 + p^2q^2}}.$$

Man betrachte noch das körperliche Dreieck, welches die Linien GD, GM und GL zu Kanten hat. Dies Dreieck ist an der Kante GD rechtwinklig; es enthält den Winkel VM; die Kathete DGL, welche dem Winkel VM gegenübersteht, sei t', die andere Kathete DGM sei t. Es ist

$$\operatorname{Tg} VM \operatorname{Sin} t = \operatorname{Tg} t',$$

also

$$\operatorname{Tg} VM = \frac{\operatorname{Tg} t'}{\operatorname{Sin} t}.$$

Dabei ist

$$\operatorname{Tg} t' = \frac{c}{a}$$

und
$$\operatorname{Sin} t = \frac{b}{GM}$$

oder
$$\operatorname{Sin} t = \frac{b}{\sqrt{a^2+b^2}}.$$

Die Werthe für Tg t' und Sin t substituire man; das liefert

$$4) \qquad \operatorname{Tg} VM = \frac{c\sqrt{a^2+b^2}}{ab}$$

und hieraus findet sich

$$5) \qquad \operatorname{Cos} VM = \frac{ab}{\sqrt{a^2b^2+a^2c^2+b^2c^2}}.$$

Endlich ist
$$\operatorname{Cos} y = \operatorname{Cos} GVH = -\operatorname{Cos}(z-t)$$
oder
$$\operatorname{Cos} y = -[\operatorname{Cos} z \operatorname{Cos} t + \operatorname{Sin} z \operatorname{Sin} t].$$

Es ist aber

$$\operatorname{Sin} t = \frac{b}{\sqrt{a^2+b^2}}, \quad \operatorname{Cos} t = \frac{a}{\sqrt{a^2+b^2}}$$

$$\operatorname{Sin} z = \frac{p}{\sqrt{n^2+p^2}}, \quad \operatorname{Cos} z = \frac{n}{\sqrt{n^2+p^2}},$$

folglich, wenn man substituirt

$$6) \qquad \operatorname{Cos} y = -\frac{an+bp}{\sqrt{(a^2+b^2)(n^2+p^2)}}.$$

Die Werthe aus 2) 3) 4) 5) 6) substituire man in 1). Dadurch entsteht

$$\operatorname{Cos} x = \left[-1 + \frac{cq\sqrt{(a^2+b^2)(n^2+p^2)}}{ab\,np} \cdot \frac{-(an+bp)}{\sqrt{(a^2+b^2)(n^2+p^2)}}\right]$$
$$\times \frac{ab\,np}{\sqrt{(a^2b^2+a^2c^2+b^2c^2)(n^2p^2+n^2q^2+p^2q^2)}}$$
$$= \frac{-abnp-acnq-bcpq}{ab\,np} \cdot \frac{ab\,np}{\sqrt{(a^2b^2+a^2c^2+b^2c^2)(n^2p^2+n^2q^2+p^2q^2)}}$$

oder

$$\operatorname{Cos} x = -\frac{abnp+acnq+bcpq}{\sqrt{(a^2b^2+a^2c^2+b^2c^2)(n^2p^2+n^2q^2+p^2q^2)}}.$$

Sechstes Kapitel.

Von den sphärischen Figuren.

§. 240.

Man stelle sich eine Kugel von einem beliebigen Halbmesser vor, und ein körperliches Dreieck, dessen Spitze im Mittelpunkt der Kugel liegt. Die Seitenebenen des körperlichen Dreiecks schneiden die Kugelfläche in drei Bogen größter Kreise. Der Theil der Kugelfläche, welcher von diesen drei Bogen umschlossen ist, heißt ein sphärisches Dreieck. Die Bogen heißen die Seiten des sphärischen Dreiecks; die Winkel des sphärischen Dreiecks sind die Winkel, welche die Tangenten bilden, die in den Eckpunkten des sphärischen Dreiecks die Bogen (Seiten) berühren.

Bei einem gegebenen Radius der Kugel bestimmen sich die Seiten eines sphärischen Dreiecks durch die zu ihnen gehörigen Mittelpunktswinkel, und diese sind die Seiten des körperlichen Dreiecks; die Winkel des körperlichen Dreiecks sind zugleich die Winkel des sphärischen Dreiecks. Hieraus erhellet, daß alle Sätze, welche für körperliche Dreiecke gelten, auch für sphärische Dreiecke giltig sind, und daß die körperliche Trigonometrie zugleich die sphärische Trigonometrie abgiebt.

Drei größte Kreise einer Kugel, von welchen jeder die beiden anderen schneidet, zerlegen die Oberfläche der Kugel in acht sphärische Dreiecke.

Der Begriff eines sphärischen Vierecks, Fünfecks u. s. w. wird sich jetzt ohne Weiteres ergeben.

§. 241.

Eines sphärischen necks je zwei benachbarte Ecken denke man durch gerade Linien verbunden. Die geraden Linien bilden das Sehnen-neck des sphärischen necks. Die Ecken des Sehnen-necks liegen in den Ecken des sphärischen necks.

Befinden sich die Ecken des sphärischen n ecks in einer Ebene, so liegt es in einem Kreise, d. h. seine Ecken liegen in einem Kreise, nämlich in dem Kreise, in welchem jene Ebene die Kugel schneidet. Das Sehnen-neck ist alsdann eine ebene Figur und liegt in demselben Kreise.

Jedes sphärische Dreieck liegt in einem Kreise, denn seine drei Eckpunkte liegen stets in einer Ebene.

Befindet sich ein sphärisches n eck in einem Kreise, so mögen die Pole und die Achse des Kreises zugleich Pole und Achse des sphärischen n ecks heißen.

§. 242.

Eine Kugel werde durch eine Ebene geschnitten. Der Mittelpunkt der Kugel sei M, ein Pol des Durchschnittskreises sei P. Durch beliebige Punkte A, B, C... der Peripherie des Kreises denke man Meridiankreise gelegt, und es sind die Bogen PA, PB, PC... einander gleich.

Der Durchschnittspunkt der Linie MP mit der Kreisebene bezeichne Q. Die rechtwinkligen Dreiecke MQA, MQB, MQC... sind congruent, weil sie in den Katheten übereinstimmen. Daher sind die Mittelpunktswinkel zweier Bogen gleich, und deshalb die Bogen selbst.

2) Befindet sich ein sphärisches n eck ABC... in einem Kreise, und ist P sein Pol, so sind die Bogen größter Kreise PA, PB, PC... einander gleich.

Nach 1).

§. 243.

Man denke eine Kugel, auf ihr ein sphärisches n eck, zu der körperlichen Ecke, welche dem sphärischen n eck entspricht, werde die Scheitelecke gedacht: diese liefert das sphärische Scheitel- oder Vertical-neck des ursprünglichen sphärischen n ecks.

§. 244.

Scheiteldreiecke liegen in parallelen Kreisen, die also einerlei Achse und einerlei Pole haben, und diese Kreise sind congruent.

Der Mittelpunkt der Kugel sei M, die Scheiteldreiecke seien ABC und A'B'C', während AA', BB', CC' Durchmesser sind. Man denke die Sehnendreiecke ABC und A'B'C'. Es ist MA = MA', MB = MB', folglich ist AB = A'B', und AB parallel A'B'. Eben so sind AC und A'C', und BC und B'C' gleich und parallel. Hiernach sind die Scheiteldreiecke congruent, und ihre Ebenen parallel. Mithin sind auch die Kreise, in welchen sie liegen, congruent und parallel, und die sphärischen Dreiecke befinden sich in denselben Kreisen.

§. 245.

Sphärische Scheiteldreiecke sind gleich.

Die Dreiecke seien ABC und A′B′C′. Nach dem vorigen Paragraph haben sie einerlei Pole P und P′. Denkt man also Meridiankreise durch die Punkte A, B, C, so gehen sie zugleich durch die Punkte A′, B′, C′. Die Bogen PA, PB, PC sind gleich, eben so die Bogen P′A′, P′B′, P′C′ nach §. 242. Nach dem vorigen Paragraphen sind die Kreise, in welchen die Scheiteldreiecke sich befinden, congruent, sie stehen deshalb gleich weit vom Mittelpunkt der Kugel entfernt, und daraus geht hervor, daß auch die Bogen PA, PB, PC gleich sind den Bogen P′A′, P′B′, P′C′. Die gleichschenkligen Dreiecke PAB und P′A′B′ sind demnach congruent, eben so PAC und P′A′C′, und PBC und P′B′C′. Aus der Congruenz dieser Dreiecke ersieht sich aber die Gleichheit der Scheiteldreiecke ABC und A′B′C′, sowohl wenn die Pole innerhalb derselben liegen, als auch, wenn sie außerhalb sich befinden.

§. 246.

Zwei größte Kreisebenen zerlegen die Oberfläche der Kugel in vier Theile. Jeder von diesen Theilen heißt ein **sphärisches Zweieck**. Unter dem Winkel eines sphärischen Zweiecks wird der Winkel verstanden, welchen die größten Kreisebenen bilden, die das sphärische Zweieck abschneiden; dieser Winkel wird auch gebildet von den Tangenten, welche in einem der Eckpunkte des sphärischen Zweiecks die größten Kreise berühren.

§. 247. Aufgabe.

Der Radius einer Kugel sei r, der Winkel eines sphärischen Zweiecks auf derselben sei α, man soll den Inhalt des sphärischen Zweiecks berechnen.

Auflösung. Der Inhalt x des sphärischen Zweiecks verhält sich zur Oberfläche der Kugel wie der Mittelpunktswinkel α zu 4R. Daher hat man

$$x : 4\pi r^2 = \alpha : 360^0$$

und daraus folgt

$$x = \frac{\pi r^2 \alpha}{90^0}.$$

Bezeichnet α' das Bogenmaaß des Winkels α, so verhält sich

$$\alpha' : 2\pi = \alpha : 360.$$

Hieraus ist

$$\alpha = \frac{180\,\alpha'}{\pi},$$

und es entsteht, wenn man diesen Werth substituirt,

$$x = 2r^2\alpha'.$$

§. 248. Aufgabe.

Den Inhalt eines sphärischen Dreiecks zu bestimmen, dessen Winkel α, β, γ sind in Graden, und das auf einer Kugel liegt, deren Radius r ist.

Auflösung. Es sei Fig. 26 ABC das sphärische Dreieck. Es ist nach dem vorigen Paragraph

$$1) \qquad ABC + A'BC = \frac{\pi r^2 \alpha}{90}.$$

$$2) \qquad ABC + AB'C = \frac{\pi r^2 \beta}{90}.$$

Ferner ist

$$ABC + ABC' = \frac{\pi r^2 \gamma}{90}.$$

Die beiden körperlichen Dreiecke ABC′ und A′B′C sind nach §. 245 gleich. Daher ist auch

$$3) \qquad ABC + A'B'C = \frac{\pi r^2 \gamma}{90}.$$

Die Summe der Gleichungen 1) 2) 3) ist

$$2\,ABC + (ABC + A'BC + AB'C + A'B'C) = \frac{\alpha+\beta+\gamma}{90}\pi r^2.$$

Die Summe, welche in der Klammer steht, macht die Halbkugel aus, demnach ist

$$2\,ABC + 2\pi r^2 = \frac{\alpha+\beta+\gamma}{90}\pi r^2$$

und hieraus folgt

$$ABC = \frac{\alpha+\beta+\gamma-180}{180}\pi r^2.$$

Sind α', β', γ' in Bogenmaaß die Winkel des sphärischen Dreiecks, und drückt man hierdurch den Inhalt aus, so ergiebt sich

$$(\alpha'+\beta'+\gamma'-\pi)r^2.$$

§. 249.

Die Differenz $\alpha+\beta+\gamma-180$ nennt man den Exceß; und es fällt in die Augen, daß es sich bei der Inhaltsbestimmung sphärischer Dreiecke nur um den Radius der Kugel und den Exceß handelt.

§. 250. Aufgabe.

Von einem sphärischen Dreieck sind zwei Seiten a und b und der eingeschlossene Winkel γ gegeben; man soll den Exceß bestimmen.

Auflösung. Nach Gauß Gleichungen ist:

$$\operatorname{Sin}\tfrac{1}{2}(\alpha+\beta) = \frac{\operatorname{Cos}\tfrac{1}{2}(a-b)}{\operatorname{Cos}\tfrac{1}{2}c}\cdot\operatorname{Cos}\tfrac{1}{2}\gamma$$

$$\operatorname{Cos}\tfrac{1}{2}(\alpha+\beta) = \frac{\operatorname{Cos}\tfrac{1}{2}(a+b)}{\operatorname{Cos}\tfrac{1}{2}c}\cdot\operatorname{Sin}\tfrac{1}{2}\gamma;$$

die erstere werde mit $\operatorname{Cos}\frac{1}{2}\gamma$, die andere mit $\operatorname{Sin}\frac{1}{2}\gamma$ multiplicirt, und wenn man alsdann addirt, so entsteht:

$$\operatorname{Sin}\tfrac{1}{2}(\alpha+\beta+\gamma) = \frac{\operatorname{Cos}\tfrac{1}{2}(a+b)\operatorname{Sin}\tfrac{1}{2}\gamma^2+\operatorname{Cos}\tfrac{1}{2}(a-b)\operatorname{Cos}\tfrac{1}{2}\gamma^2}{\operatorname{Cos}\tfrac{1}{2}c}$$

oder, wenn man rechts auflöst,

$$\text{A)}\quad \operatorname{Sin}\tfrac{1}{2}(\alpha+\beta+\gamma) = \frac{\operatorname{Cos}\tfrac{1}{2}a\operatorname{Cos}\tfrac{1}{2}b+\operatorname{Sin}\tfrac{1}{2}a\operatorname{Sin}\tfrac{1}{2}b\operatorname{Cos}\gamma}{\operatorname{Cos}\tfrac{1}{2}c}.$$

Ferner werde die erste der oberen Gleichungen mit $\operatorname{Sin}\frac{1}{2}\gamma$, die andere mit $\operatorname{Cos}\frac{1}{2}\gamma$ multiplicirt, und darauf die erstere von der andern subtrahirt, das liefert

$$\operatorname{Cos}\tfrac{1}{2}(\alpha+\beta+\gamma) = \frac{\operatorname{Cos}\tfrac{1}{2}(a+b)-\operatorname{Cos}\tfrac{1}{2}(a-b)}{\operatorname{Cos}\tfrac{1}{2}c}\cdot\operatorname{Sin}\tfrac{1}{2}\gamma\operatorname{Cos}\tfrac{1}{2}\gamma$$

oder:

$$\text{B)}\quad \operatorname{Cos}\tfrac{1}{2}(\alpha+\beta+\gamma) = -\frac{\operatorname{Sin}\tfrac{1}{2}a\operatorname{Sin}\tfrac{1}{2}b\operatorname{Sin}\gamma}{\operatorname{Cos}\tfrac{1}{2}c}.$$

Aus B) und A) folgt:

$$\text{C)}\quad \operatorname{Cotg}\tfrac{1}{2}(\alpha+\beta+\gamma) = -\frac{\operatorname{Sin}\gamma}{\operatorname{Cotg}\tfrac{1}{2}a\operatorname{Cotg}\tfrac{1}{2}b+\operatorname{Cos}\gamma}.$$

Nun ist

$$\operatorname{Sin}\tfrac{1}{2}(\alpha+\beta+\gamma-180) = -\operatorname{Cos}\tfrac{1}{2}(\alpha+\beta+\gamma)$$
$$\operatorname{Cos}\tfrac{1}{2}(\alpha+\beta+\gamma-180) = \operatorname{Sin}\tfrac{1}{2}(\alpha+\beta+\gamma)$$

also
$$\operatorname{Tg}\tfrac{1}{2}(\alpha+\beta+\gamma-180) = -\operatorname{Cotg}\tfrac{1}{2}(\alpha+\beta+\gamma).$$

Die letzte Formel wende man auf C) an, das liefert

$$\operatorname{Tg}\tfrac{1}{2}(\alpha+\beta+\gamma-180) = \frac{\operatorname{Sin}\gamma}{\operatorname{Cotg}\tfrac{1}{2}a\operatorname{Cotg}\tfrac{1}{2}b+\operatorname{Cos}\gamma},$$

und hierdurch ist der Exceß vermittelst zweier Seiten und des eingeschlossenen Winkels gegeben.

§. 251. Aufgabe.

Von einem sphärischen Dreieck sind die drei Seiten a, b, c gegeben, man soll den sphärischen Exceß bestimmen.

Auflösung. Man bemerke, daß

$$\mathrm{Cos}\tfrac{1}{2}\gamma = -\mathrm{Sin}\tfrac{1}{2}(\gamma-180)$$
$$\mathrm{Sin}\tfrac{1}{2}\gamma = \mathrm{Cos}\tfrac{1}{2}(\gamma-180).$$

Nach Gauß Gleichungen ist

$$\mathrm{Sin}\tfrac{1}{2}(\alpha+\beta)\,\mathrm{Cos}\tfrac{1}{2}\gamma = \mathrm{Cos}\tfrac{1}{2}(a-b):\mathrm{Cos}\tfrac{1}{2}c,$$

daher

$$\frac{\mathrm{Sin}\tfrac{1}{2}(\alpha+\beta)-\mathrm{Cos}\tfrac{1}{2}\gamma}{\mathrm{Sin}\tfrac{1}{2}(\alpha+\beta)+\mathrm{Cos}\tfrac{1}{2}\gamma} = \frac{\mathrm{Cos}\tfrac{1}{2}(a-b)-\mathrm{Cos}\tfrac{1}{2}c}{\mathrm{Cos}\tfrac{1}{2}(a-b)+\mathrm{Cos}\tfrac{1}{2}c}$$

oder

$$\frac{\mathrm{Sin}\tfrac{1}{2}(\alpha+\beta)+\mathrm{Sin}\tfrac{1}{2}(\gamma-180)}{\mathrm{Sin}\tfrac{1}{2}(\alpha+\beta)-\mathrm{Sin}\tfrac{1}{2}(\gamma-180)} = \frac{\mathrm{Cos}\tfrac{1}{2}(a-b)-\mathrm{Cos}\tfrac{1}{2}c}{\mathrm{Cos}\tfrac{1}{2}(a-b)+\mathrm{Cos}\tfrac{1}{2}c}$$

oder

$$1)\quad \frac{\mathrm{Sin}\tfrac{1}{4}(\alpha+\beta+\gamma-180)\,\mathrm{Cos}\tfrac{1}{4}(\alpha+\beta-\gamma+180)}{\mathrm{Cos}\tfrac{1}{4}(\alpha+\beta+\gamma-180)\,\mathrm{Sin}\tfrac{1}{4}(\alpha+\beta-\gamma+180)}$$
$$= \frac{\mathrm{Sin}\tfrac{1}{4}(a-b+c)\,\mathrm{Sin}\tfrac{1}{4}(-a+b+c)}{\mathrm{Cos}\tfrac{1}{4}(a-b+c)\,\mathrm{Cos}\tfrac{1}{4}(-a+b+c)}.$$

Ferner ist nach Gauß Gleichungen

$$\mathrm{Cos}\tfrac{1}{2}(\alpha+\beta):\mathrm{Sin}\tfrac{1}{2}\gamma = \mathrm{Cos}\tfrac{1}{2}(a+b):\mathrm{Cos}\tfrac{1}{2}c;$$

daher

$$\frac{\mathrm{Cos}\tfrac{1}{2}(\gamma-180)-\mathrm{Cos}\tfrac{1}{2}(\alpha+\beta)}{\mathrm{Cos}\tfrac{1}{2}(\gamma-180)+\mathrm{Cos}\tfrac{1}{2}(\alpha+\beta)} = \frac{\mathrm{Cos}\tfrac{1}{2}c-\mathrm{Cos}\tfrac{1}{2}(a+b)}{\mathrm{Cos}\tfrac{1}{2}c+\mathrm{Cos}\tfrac{1}{2}(a+b)}$$

oder

$$2)\quad \frac{\mathrm{Sin}\tfrac{1}{4}(\alpha+\beta+\gamma-180)\,\mathrm{Sin}\tfrac{1}{4}(\alpha+\beta-\gamma+180)}{\mathrm{Cos}\tfrac{1}{4}(\alpha+\beta+\gamma-180)\,\mathrm{Cos}\tfrac{1}{4}(\alpha+\beta-\gamma+180)}$$
$$= \frac{\mathrm{Sin}\tfrac{1}{4}(a+b+c)\,\mathrm{Sin}\tfrac{1}{4}(a+b-c)}{\mathrm{Cos}\tfrac{1}{4}(a+b+c)\,\mathrm{Cos}\tfrac{1}{4}(a+b-c)}.$$

Das Product der Gleichungen 1) und 2) liefert:

$$\mathrm{Tg}\tfrac{1}{4}(\alpha+\beta+\gamma-180)$$
$$= \sqrt{\mathrm{tg}\tfrac{1}{4}(a+b+c)\,\mathrm{tg}\tfrac{1}{4}(a+b-c)\,\mathrm{tg}\tfrac{1}{4}(a-b+c)\,\mathrm{tg}\tfrac{1}{4}(-a+b+c)}.$$

Dies ist die L'Huiliersche Formel.

§. 252. Aufgabe.

Es sind die Winkel eines sphärischen n Ecks gleich α, β, γ, δ.... in Graden gegeben, und der Radius r der Kugel, auf welcher das sphärische n Eck liegt, man soll den Inhalt des n Ecks bestimmen.

Auflösung. Man zerlege das sphärische n Eck durch Diagonalen in sphärische Dreiecke; dabei findet sich der Inhalt gleich

$$\frac{\alpha+\beta+\gamma+\cdots-(n-2)\,180}{180}\,\pi r^2.$$

Und sind die Winkel eines sphärischen n Ecks in Bogenmaaß α', β', γ', δ'...., so drückt sich der Inhalt aus durch

$$[\alpha'+\beta'+\gamma'+\delta'+\cdots-(n-2)\pi]\,r^2.$$

§. 253.

Man stelle sich eine Kugel von einem beliebigen Halbmesser vor, und ein körperliches n Eck von gleichen Seiten und gleichen Winkeln, dessen Spitze im Mittelpunkt der Kugel liegt. Das körperliche n Eck schneidet auf der Kugelfläche ein sphärisches n Eck ab von gleichen Seiten und gleichen Winkeln, und dies sphärische n Eck wird ein reguläres sphärisches n Eck gegenannt.

Die Eckpunkte eines regulären sphärischen n Ecks liegen in einer Ebene, also in der Peripherie eines Kreises. Ist daher ABC... ein reguläres sphärisches n Eck, P sein Pol, so sind die Meridianbogen PA, PB, PC.... einander gleich, die gleichschenkligen Dreiecke APB, BPC.... sind congruent, ihre Winkel am Pol gleich, und die Bogen PA, PB, PC... halbiren die Winkel des regulären sphärischen n Ecks. Und umgekehrt, sind die Meridianbogen PA, PB, PC einander gleich, und bilden je zwei aufeinander folgende einerlei Winkel, so ist das sphärische n Eck ABC... ein reguläres.

Das Sehnen-n Eck eines regulären sphärischen n Ecks ist ein reguläres n Eck.

§. 254. Aufgabe.

Die Seite eines regulären sphärischen n Ecks sei a, man soll den Winkel des regulären sphärischen n Ecks finden.

Auflösung. Das reguläre sphärische n Eck sei BCDE...., der Pol desselben sei P. Man denke die Bogen größter Kreise PB, PC. Jeder Winkel des regulären sphärischen n Ecks sei x. Aus dem sphärischen Dreieck BPC hat man die Proportion:

$$\operatorname{Sin} PC : \operatorname{Sin} a = \operatorname{Sin}\frac{x}{2} \operatorname{Sin} : \frac{360}{n}.$$

Man theile den Winkel BPC durch den Bogen eines größten Kreises in zwei gleiche Theile. Der Bogen theilt zugleich die Seite a, welche dem Winkel BPC gegenüber steht, in zwei gleiche Theile, und steht auf derselben normal. Es entstehen zwei rechtwinklige sphärische Dreiecke, von welchen das eine den Bogen PC zur Hypotenuse hat. Aus diesem Dreieck ist

$$\operatorname{Sin} PC \operatorname{Sin}\frac{180}{n} = \operatorname{Sin}\frac{a}{2}.$$

Aus der oberen Proportion folgt

$$\operatorname{Sin} PC \operatorname{Sin}\frac{360}{n} = \operatorname{Sin} a \operatorname{Sin}\frac{x}{2}$$

oder

$$\operatorname{Sin} PC \operatorname{Sin}\frac{180}{n} \operatorname{Cos}\frac{180}{n} = \operatorname{Sin}\frac{a}{2} \operatorname{Cos}\frac{a}{2} \operatorname{Sin}\frac{x}{2}.$$

Diese Gleichung werde durch die obere dividirt, das liefert

$$\operatorname{Cos}\frac{180}{n} = \operatorname{Cos}\frac{a}{2} \operatorname{Sin}\frac{x}{2}$$

und daraus ist

$$\operatorname{Sin}\frac{x}{2} = \frac{\operatorname{Cos}\frac{180}{n}}{\operatorname{Cos}\frac{a}{2}}.$$

§. 255. Aufgabe.

Der Winkel eines regulären sphärischen necks sei α, man soll die Seite des regulären sphärischen necks bestimmen.

Auflösung. Die Seite sei y. Dann ist nach der Auflösung im vorigen Paragraphen

$$\operatorname{Sin}\frac{\alpha}{2} = \frac{\operatorname{Cos}\frac{180}{n}}{\operatorname{Cos}\frac{y}{2}}$$

und daraus folgt

$$\operatorname{Cos}\frac{y}{2} = \frac{\operatorname{Cos}\frac{180}{n}}{\operatorname{Sin}\frac{\alpha}{2}}.$$

§. 256. Aufgabe.

Es ist der Winkel α eines regulären sphärischen necks in Graden und der Radius r der Kugel gegeben, man soll den Inhalt des regulären sphärischen necks bestimmen.

Auflösung. Der Inhalt drückt sich aus durch

$$\frac{n\alpha-(n-2)\,180^0}{180}\pi r^2.$$

§. 257. Aufgabe.

Man soll den Winkel eines regulären sphärischen necks bestimmen, welches den qten Theil der Kugelfläche ausmacht, auf welcher es gedacht wird.

Auflösung. Der Winkel des regulären sphärischen necks sei x, der Radius der Kugel sei y. Nach dem vorigen Paragraph drückt sich der Inhalt des regulären sphärischen necks aus durch

$$\frac{nx-(n-2)\,180}{180}\pi y^2.$$

Die Oberfläche der Kugel ist $4\pi y^2$, daher hat man die Gleichung

$$\frac{nx-(n-2)\,180}{180}\pi y^2=\frac{4\pi y^2}{q}$$

und aus derselben folgt

$$nx=\frac{720}{q}+(n-2)\,180$$

$$x=\frac{720^0}{nq}+\frac{n-2}{n}180^0.$$

§. 258. Aufgabe.

Man soll ein reguläres sphärisches Dreieck bestimmen, welches dergestalt wiederholt auf die Kugelfläche getragen werden kann, daß die Kugelfläche vollständig bedeckt wird.

Auflösung. Man denke das Dreieck auf die Kugelfläche getragen. Die Kugelfläche ist dann durch ein Netz bedeckt, welches aus lauter congruenten regulären sphärischen Dreiecken besteht. In jedem Knoten des Netzes stößt dieselbe Anzahl von Dreiecken zusammen: denn die Summe aller Winkel um einen Knoten beträgt vier rechte Winkel, und da die Dreiecke congruent und gleichwinklig sind, so sind immer gleich viele der Winkel erforderlich, um vier rechte Winkel zu bilden. Bezeichnet daher x den Winkel des gleichseitigen Dreiecks, und ist y die Anzahl der Dreiecke, welche in jedem Knoten zusammenstoßen, so ist

$$1) \qquad x = \frac{360}{y}.$$

Ist ferner z die Anzahl der Dreiecke auf der Kugelfläche, so ist nach dem vorigen Paragraph

$$x = \frac{720}{3z} + \frac{1}{3}180$$

oder

$$2) \qquad x = \frac{240}{z} + 60.$$

Aus 1) und 2) folgt

$$\frac{240}{z} + 60 = \frac{360}{y}.$$

Hieraus ergiebt sich

$$4y + yz = 6z$$

$$z = \frac{4y}{6-y}.$$

In dieser diophantischen Gleichung repräsentirt y alle diejenigen positiven ganzen Zahlen, für welche z eine positive ganze Zahl wird. Daher kann y sein

2, 3, 4, 5

und dann ist z beziehlich

2, 4, 8, 20

und x

180^0, 120^0, 90^0, 72^0.

Die Aufgabe liefert also vier Auflösungen. Die erste Auflösung ist unzulässig, denn das reguläre sphärische Dreieck, von welchem jeder Winkel 180^0 hat, ist eine Halbkugel. Die übrigen Auflösungen sind zulässig. Es giebt daher drei verschiedene reguläre sphärische Dreiecke, welche der Aufgabe genügen, und man kann die Kugelfläche mit drei verschiedenen Netzen bedecken, deren jedes aus congruenten gleichseitigen sphärischen Dreiecken besteht. Jeder Winkel des ersten Dreiecks ist 120^0; das Netz enthält dabei vier Dreiecke, und in jedem Knoten desselben stoßen drei Dreiecke zusammen. Jeder Winkel des zweiten regulären sphärischen Dreiecks ist 90^0; das Netz aus diesem Dreieck enthält acht Dreiecke, und in jedem Knoten des Netzes stoßen vier Dreiecke zusammen. Jeder Winkel des dritten regulären sphärischen Dreiecks hat 72^0; das Netz besteht aus zwanzig Dreiecken, und in jedem Knoten stoßen fünf Dreiecke zusammen.

§. 259. Aufgabe.

Man soll ein reguläres sphärisches Viereck bestimmen, welches dergestalt wiederholt auf die Kugelfläche getragen werden kann, daß die Kugelfläche vollständig bedeckt wird.

Auflösung. Es bezeichne x den Winkel des sphärischen regulären Vierecks. Die Anzahl der Vierecke, welche in jedem Knoten auf der Kugelfläche zusammenstoßen, sei y. Alsdann ist

$$1) \qquad x = \frac{360}{y}.$$

Es bezeichne ferner z die Anzahl der regulären sphärischen Vierecke auf der Kugelfläche. Dann ist nach §. 257

$$x = \frac{720}{4z} + \tfrac{1}{2}180$$

oder

$$2) \qquad x = \frac{180}{z} + 90.$$

Aus 1) und 2) folgt

$$\frac{180}{z} + 90 = \frac{360}{y}$$

$$2y + yz = 4z$$

$$z = \frac{2y}{4-y}.$$

Dieser diophantischen Gleichung gemäß kann y sein

2 oder 3

und dann ist z beziehlich

2 oder 6.

Die erste Auflösung ist unbrauchbar, denn, wenn y gleich 2 ist, wird x gleich 180^0 und das reguläre sphärische Viereck, bei welchem jeder Winkel 180^0 mißt, ist die Halbkugel. Die andere Auflösung ist brauchbar. Für $y = 3$ ergiebt sich $x = 120^0$. Das Netz, welches aus diesem regulären sphärischen Viereck gebildet ist, und die Kugelfläche bedeckt, enthält sechs reguläre sphärische Vierecke, und in jedem Knoten des Netzes stoßen drei der regulären sphärischen Vierecke zusammen. Es giebt nur ein Netz, welches aus regulären Vierecken besteht.

§. 260. Aufgabe.

Man soll ein reguläres sphärisches Fünfeck bestimmen, welches dergestalt wiederholt auf die Kugelfläche getragen werden kann, daß die Kugelfläche vollständig bedeckt wird.

Auflösung. Den Winkel des regulären sphärischen Fünfecks bezeichne x, die Anzahl der Fünfecke, welche in jedem Knoten auf der Kugelfläche zusammenstoßen, sei y, die Anzahl der regulären sphärischen Fünfecke, welche erforderlich ist, die Kugelfläche zu bedecken, sei z. Alsdann ist

$$1)\qquad x = \frac{360}{y}$$

und nach §. 257

$$x = \frac{720}{5z} + \tfrac{3}{5}180$$

oder

$$2)\qquad x = \frac{144}{z} + 108.$$

Aus den Gleichungen 1) und 2) folgt

$$\frac{360}{y} = \frac{144}{z} + 108$$

$$10z = 4y + 3yz$$

und hieraus ergiebt sich

$$z = \frac{4y}{10-3y}.$$

Dieser diophantischen Gleichung entsprechend kann y sein

2 oder 3

und dabei ist z beziehlich

2 oder 12.

Die ersten Werthe sind unbrauchbar. Die andern liefern ein brauchbares reguläres sphärisches Fünfeck. Jeder Winkel desselben ist 120^0. Das Netz, welches aus diesem Fünfeck gebildet ist, und die Kugelfläche bedeckt, enthält zwölf reguläre sphärische Fünfecke, und in jedem Knoten des Netzes stoßen drei Fünfecke zusammen. Es giebt kein zweites aus regulären Fünfecken gebildetes Netz.

§. 261.

Wir haben in den letzteren Paragraphen die regulären sphärischen Dreiecke ermittelt, aus welchen sich Netze für die Kugelfläche bilden lassen, und das reguläre sphärische Viereck, so wie das reguläre sphärische Fünfeck bestimmt, welches zu demselben Zwecke dienen kann. Aus regulären sphärischen Vielecken, welche mehr als fünf Seiten haben, können keine Netze für die Kugelfläche gebildet werden. In jedem Knoten des Netzes nämlich müssen wenigstens drei von den Vielecken zusammentreffen. Deshalb darf der Winkel des regulären sphärischen Vielecks nicht größer sein als 120^0. Der Winkel eines regulären sphärischen necks, welches den qten Theil der Kugelfläche ausmacht, ist nach §. 257

$$\frac{720^0}{nq} + \frac{n-2}{n} 180^0$$

oder

$$\frac{720^0}{nq} + 180^0 - \frac{2}{n} 180^0$$

und ist n gleich 6 oder größer als 6, so machen bereits die beiden letzten Summanden 120^0 aus oder mehr. Und daraus erhellet, daß reguläre sphärische Vielecke von mehr als fünf Seiten keine Netze für die Kugelfläche abgeben können.

§. 262. Aufgabe.

Der Radius einer Kugel sei r, die Seiten eines sphärischen Dreiecks auf derselben seien a, b, c; man soll die correspondirenden Sehnen a′, b′, c′ des Sehnendreiecks bestimmen.

Auflösung. Es ist wie leicht in die Augen fällt,

$$a' = 2r \operatorname{Sin} \frac{a}{2}$$

$$b' = 2r \operatorname{Sin} \frac{b}{2}$$

$$c' = 2r \operatorname{Sin} \frac{c}{2}.$$

Vermittelst dieser Resultate kann man, wenn der Radius der Kugel und bestimmende Stücke des sphärischen oder des Sehnen-Dreiecks bekannt sind, alle Stücke des anderen Dreiecks berechnen.

Sind zwei sphärische Dreiecke einer Kugel congruent, so sind es auch ihre Sehnendreiecke, und umgekehrt.

§. 263.

Ist r der Radius einer Kugel, a die Seite eines regulären sphärischen necks auf dieser Kugel und a′ die Seite des Sehnen-necks, so ist

$$a' = 2r \operatorname{Sin} \frac{a}{2}.$$

Sind zwei reguläre sphärische necke derselben Kugel congruent, so sind es auch ihre Sehnen-necke, und umgekehrt.

§. 264.

Uebungsbeispiele.

1) Die drei Winkel eines sphärischen Dreiecks seien 54° 17′, 63° 19′ und 67° 28′, der Radius der Kugel messe 7 Fuß, wie groß ist der Inhalt des sphärischen Dreiecks?
4,33307 Quadratfuß.

2) Die drei Winkel eines sphärischen Dreiecks seien 81° 12′, 120° 20′ und 79° 51′, der Halbmesser der Kugel sei 860 Meilen, welches ist der Inhalt des sphärischen Dreiecks?
1541045,352 Quadratmeilen.

Siebentes Kapitel.

Von den Polyedern.

I. Allgemeine Gesetze.

§. 265.

Jeder Körper, welcher nur von Ebenen begränzt ist, heißt ein vieleckiger Körper oder ein Polyeder.

§. 266.

Bei jedem Polyeder ist die Anzahl der ebenen Winkel auf seiner Oberfläche doppelt so groß als die Anzahl der Kanten.

Jede von den geradlinigten Flächen, welche den Körper begränzen, hat eben so viele Winkel als Seiten. Die Anzahl aller ebenen Winkel auf dem Körper ist demnach gleich der Anzahl aller Seiten der Begränzungsflächen. Jede Kante des Körpers ist gemeinschaftliche Seite zu zweien seiner Begränzungsflächen. Die Anzahl aller Seiten der Begränzungsflächen ist daher das Doppelte von der Anzahl aller Kanten des Körpers; und da die Anzahl der Winkel gleich ist der Anzahl der Seiten, so ist auch die Anzahl der ebenen Winkel auf der Oberfläche des Körpers das Doppelte von der Anzahl seiner Kanten.

§. 267.

Die Anzahl der ebenen Winkel auf der Oberfläche eines Polyeders ist jedesmal eine gerade Zahl.

Denn sie ist das Doppelte von der Anzahl der Kanten.

§. 268.

1) Ist ein Polyeder von lauter Dreiecken begränzt, oder von lauter Fünfecken, oder Siebenecken u. s. w., so ist die Anzahl seiner Begränzungsflächen gerade.

Denn wäre sie ungerade, so würde auch die Anzahl der ebenen Winkel auf der Oberfläche des Polyeders ungerade sein, da die Anzahl dieser Winkel gleich ist dem Product aus jener ungeraden Zahl in 3, 5, 7, u. s. f., und das Product zweier ungeraden Zahlen ungerade ausfällt.

2) Ist jede der Figuren, welche ein Polyeder begränzen, von ungerader Seitenzahl, so ist die Anzahl der Begränzungsflächen gerade.

Sind $2n+1$, $2n'+1$, $2n''+1\ldots$ die Seitenzahlen der Begränzungsflächen, und ist die Anzahl der Begränzungsflächen v, so ist die Anzahl der ebenen Winkel auf der Oberfläche des Polyeders gleich

$$2(n+n'+n''+\cdots)+v$$

und da dies eine gerade Zahl sein muß, so ist v, d. h. die Anzahl der Begränzungsflächen, eine gerade Zahl.

3) Ist ein Polyeder begränzt durch p Flächen von gerader Seitenzahl und durch v Flächen von ungerader Seitenzahl, so ist v eine gerade Zahl.

Sind $2m$, $2m'$, $2m''\ldots$ die Seitenzahlen der Begränzungsflächen von gerader Seitenzahl, und $2n+1$, $2n'+1$, $2n''+1\ldots$ die Seitenzahlen der Begränzungsflächen von ungerader Seitenzahl, so ist die Anzahl der ebenen Winkel auf der Oberfläche des Polyeders gleich

$$2(m+m'+m''+\cdots)+2(n+n'+n''+\cdots)+v$$

und da dies eine gerade Zahl ist, so muß v gerade sein.

§. 269.

Bezeichnet f die Anzahl der Flächen, welche ein Polyeder begränzen, k die Anzahl der Kanten, e die Anzahl der Ecken des Polyeders, so ist

$$f+e=k+2.$$

Man stelle sich ein Netz von zusammenhängenden ebenen Figuren vor, welche entweder in einer Ebene liegen oder nicht. Die Anzahl der ebenen Figuren sei f', die Anzahl der Kanten k', die Anzahl der Ecken e'. Man stelle sich vor, daß zu dem Netz eine ebene Figur von x Seiten gefügt werde, und diese mag y Seiten mit dem Netz nicht gemein haben. Die Figur hat dann mit dem Netz $y-1$ Ecken nicht gemeinschaftlich. Die Anzahl der ebenen Figuren des neuen Netzes sei f'', die der Kanten k'', die der Ecken e''. Alsdann ist

$$\begin{aligned} &1)\quad f'' = f' + 1 \\ &2)\quad k'' = k' + y \\ &3)\quad e'' = e' + y - 1. \end{aligned}$$

Man addire die Gleichungen 1) und 3), und subtrahire von dem Resultat die Gleichung 2); das liefert

$$f'' + e'' - k'' = f' + e' - k'.$$

Hieraus erhellet, daß der Ausdruck $f' + e' - k'$ für alle Netze constant ist. Bei einem Netz, welches nur eine Figur enthält, ist $f' = 1$, und $k' = e'$, also $f' + e' - k' = 1$. Daher ist für alle Netze

$$f' + e' - k' = 1$$

oder

$$f' + e' = k' + 1.$$

Von dem Polyeder, welches f Flächen, k Kanten und e Ecken hat, nehme man jetzt eine Fläche hinweg. Dadurch erhält man ein Netz von $f-1$ Flächen, k Kanten, und e Ecken. Es ist daher

$$(f-1) + e = k + 1$$

oder

$$f + e = k + 2$$

und das ist der Satz.

§. 270.

Bezeichnet e die Anzahl der Ecken eines Polyeders, so ist die Summe aller ebenen Winkel auf der Oberfläche des Polyeders gleich $(e-2)4R$.

Die Seitenzahlen der einzelnen Seitenflächen des Polyeders seien $n, n', n'', n'''\dots$. Die Summe aller ebenen Winkel auf der Oberfläche des Polyeders ist alsdann

$$(n-2)2R + (n'-2)2R + (n''-2)2R + \cdots$$

oder, wenn unter f die Anzahl der Flächen des Polyeders verstanden wird,

$$[n + n' + n'' + n''' + \cdots - 2f]2R.$$

Es ist $n + n' + n'' + \cdots$ die Anzahl aller ebenen Winkel auf dem Polyeder, und da diese nach §. 266 2k ist, unter k die Anzahl der Kanten verstanden, so ist der obere Ausdruck gleich

$$(k-f)4R.$$

Aus dem vorigen Paragraph folgt $k - f = e - 2$. Dies substituire man, und es entsteht für die Summe aller ebenen Winkel auf der Oberfläche des Polyeders

$$(e-2)4R.$$

§. 271.

Die Anzahl der ebenen Winkel auf der Oberfläche eines Polyeders ist entweder gleich der dreifachen Anzahl der Begränzungsflächen, oder größer als die dreifache Anzahl der Begränzungsflächen.

Ist das Polyeder von lauter Dreiecken begränzt, so ist die Anzahl aller ebenen Winkel auf der Oberfläche gleich der dreifachen Anzahl der Begränzungsflächen. Sind nicht sämmtliche Begränzungsflächen des Polyeders Dreiecke, so ist die Anzahl der ebenen Winkel größer als die dreifache Anzahl der Begränzungsflächen. Darin liegt der Satz.

§. 272.

Die Anzahl der ebenen Winkel auf der Oberfläche eines Polyeders ist entweder eben so groß, oder größer als die dreifache Anzahl der Ecken des Polyeders.

Denn an jeder Ecke des Polyeders finden sich entweder drei der ebenen Winkel, oder mehr derselben.

§. 273.

Es bezeichne, wie schon früher, f die Anzahl der Begränzungsflächen, k die Anzahl der Kanten, und e die Anzahl der Ecken eines Polyeders.

Die Anzahl der ebenen Winkel auf der Oberfläche des Polyeders ist nach §. 271 entweder eben so groß, oder größer, als die dreifache Anzahl der Begränzungsflächen, und da die Anzahl jener Winkel das Doppelte ist von der Anzahl der Kanten, so folgt das Gesetz:

$$1)\quad 2k \geqq 3f.$$

Hieraus lassen sich noch zwei Gesetze ableiten dadurch, daß man aus der Gleichung

$$f + e = k + 2$$

f entwickelt und k, und die Werthe substituirt. Es ergiebt sich

$$f = k - e + 2$$

und wenn man diesen Werth substituirt, entsteht

$$2k \geqq 3k - 3e + 6$$

oder

$$2)\quad 3e \geqq k + 6.$$

Aus der Gleichung folgt ferner

$$k = f + e - 2.$$

Dies setze man in 1) und es entsteht

$$2f + 2e - 4 \geqq 3f$$

oder 3) $2e \geqq f + 4.$

Die Anzahl der ebenen Winkel auf der Oberfläche des Polyeders ist ferner nach §. 272 entweder eben so groß, oder größer als die dreifache Anzahl der Ecken, und da die Anzahl der Winkel das Doppelte von der Anzahl der Kanten ist, so ergiebt sich das Gesetz

4) $2k \geqq 3e.$

Hieraus ergeben sich wiederum zwei Gesetze, indem man aus der Gleichung $f + e = k + 2$ die Ausdrücke k und e entwickelt, und die Werthe substituirt. Und man findet

5) $2f \geqq e + 4$

6) $3f \geqq k + 6.$

§. 274.

Aus den sechs Gesetzen, welche der vorige Paragraph enthält, findet sich

$k \geqq \frac{3}{2}f$ [Aus 1)]
$k \leqq 3f - 6$ 6)
$k \geqq \frac{3}{2}e$ 4)
$k \leqq 3e - 6$ 2)
$e \geqq \frac{1}{2}f + 2$ 3)
$e \leqq 2f - 4$ 5)
$e \geqq \frac{1}{3}k + 2$ 2)
$e \leqq \frac{2}{3}k$ 4)
$f \geqq \frac{1}{2}e + 2$ 5)
$f \leqq 2e - 4$ 3)
$f \geqq \frac{1}{3}k + 2$ 6)
$f \leqq \frac{2}{3}k$ 1)

Diese Resultate liefern folgende Tabellen:

Wenn gegeben ist	so ist	wenigstens	höchstens
f	k	$\frac{3}{2}f$	$3f-6$
	e	$\frac{1}{2}f+2$	$2f-4$
k	f	$\frac{1}{3}k+2$	$\frac{2}{3}k$
	e	$\frac{1}{3}k+2$	$\frac{2}{3}k$
e	f	$\frac{1}{2}e+2$	$2e-4$
	k	$\frac{3}{2}e$	$3e-6$

Und aus dieser Tabelle entspringt weiter die nachstehende für die möglichen Polyeder:

Anzahl der		
Begränzungsflächen	Kanten	Ecken
4	6	4
5	8 9	5 6
6	9 10 11 12	5 6 7 8
7	11 12 13 14 15	6 7 8 9 10
8	12 13 14 15 16 17 18	6 7 8 9 10 11 12
u. s. w.	u. s. w.	u. s. w.

Ein Polyeder hat also wenigstens vier Begränzungsflächen, wenigstens sechs Kanten, und wenigstens vier Ecken. Kein Polyeder hat sieben Kanten.

Kein Polyeder kann von lauter Figuren begränzt sein, welche sechs oder mehr Seiten haben. Denn hätten alle Begränzungsflächen sechs oder mehr Seiten, so müßte die Anzahl der ebenen Winkel auf der Oberfläche des Polyeders $\overline{\gtrless}$ 6f sein, also 2k $\overline{\gtrless}$ 6f, k $\overline{\gtrless}$ 3f; während doch k $\overline{\lessgtr}$ 3f—6, also k < 3f ist.

Kein Polyeder kann lauter Ecken haben, welche aus sechs oder mehr Flächen gebildet sind. Denn fänden sich an jeder Ecke sechs oder mehr Flächen, so wäre die Anzahl der ebenen Winkel auf der Oberfläche des Polyeders $\overline{\gtrless}$ 6e, also 2k $\overline{\gtrless}$ 6e, k $\overline{\gtrless}$ 3e; während doch k $\overline{\lessgtr}$ 3e — 6, also k < 3e ist.

II. Von den regulären Körpern.

§. 275.

Man stelle sich eine Kugel vor, auf derselben das Netz, welches vier congruente reguläre sphärische Dreiecke enthält (§. 258), zu jedem der sphärischen Dreiecke das Sehnen-Dreieck, und den Körper, welchen diese Sehnen-Dreiecke begränzen. Dieser Körper heißt ein Tetraeder.

Das Tetraeder ist von vier regulären congruenten Dreiecken begränzt. Jede Ecke des Körpers ist regulär und wird von drei Flächen gebildet. Die Anzahl der ebenen Winkel auf der Oberfläche des Tetraeders ist zwölf. Die Anzahl der Ecken des Tetraeders ist vier, (weil sich an jeder drei ebene Winkel finden). Die Anzahl der Kanten ist sechs, nach §. 266.

Das Tetraeder ist eine dreiseitige Pyramide. Die Kugel, um welche es liegt, ist mit der, in welcher es liegt, concentrisch. Denn die Kreise, in welchen die Begränzungsflächen des Tetraeders liegen, sind kleinere Kreise der Kugel, in welcher das Tetraeder sich befindet; die Kreise sind gleich, also gleich weit vom Mittelpunkt entfernt.

Alle ebenen Winkel auf der Oberfläche des Tetraeders sind gleich. — Alle körperlichen Winkel am Tetraeder sind ebenfalls gleich; denn die körperlichen Ecken sind regulär, und je zwei benachbarte haben einen Winkel gemeinschaftlich.

Jeder ebene Winkel auf der Oberfläche des Tetraeders beträgt 60°; jeder körperliche Winkel beträgt 70° 31′ 44″. Das Letztere findet man leicht vermittelst der Gleichung in §. 254.

§. 276.

Man stelle sich eine Kugel vor, auf derselben das Netz, welches aus acht regulären sphärischen Dreiecken besteht, zu jedem der sphärischen Dreiecke denke man das Sehnen-Dreieck, und dann den Körper, welcher von diesen Sehnen-Dreiecken begränzt wird. Dieser Körper heißt ein Oktaeder.

Das Oktaeder ist von acht regulären congruenten Dreiecken begränzt. Die Ecken des Oktaeders sind regulär, und jede ist von vier Flächen gebildet. Die Anzahl der ebenen Winkel auf dem Oktaeder ist 24. Die Anzahl der Ecken des Oktaeders ist 6, die Anzahl der Kanten zwölf.

Das Oktaeder liegt in einer Kugel, zugleich um eine Kugel, welche mit jener concentrisch ist.

Alle ebenen Winkel auf der Oberfläche des Oktaeders sind gleich und jeder beträgt 60^0. Alle körperlichen Winkel des Oktaeders sind ebenfalls gleich und jeder beträgt $109^0\ 28'\ 16''$.

§. 277.

Man stelle sich eine Kugel vor, und auf der Oberfläche derselben das Netz, welches zwanzig reguläre sphärische Dreiecke enthält. Man denke die Sehnen-Dreiecke der sphärischen Dreiecke und den Körper, welcher von diesen Sehnen-Dreiecken begränzt ist. Dieser Körper heißt ein Ikosaeder.

Das Ikosaeder ist begränzt von zwanzig regulären congruenten Dreiecken. Jede Ecke des Ikosaeders ist regulär und wird von fünf Flächen gebildet. Die Anzahl der ebenen Winkel auf dem Ikosaeder ist 60. Die Anzahl der Ecken des Ikosaeders ist zwölf; die Anzahl der Kanten dreißig.

Das Ikosaeder liegt in einer Kugel, zugleich um eine Kugel, welche mit jener concentrisch ist.

Alle ebenen Winkel auf der Oberfläche des Ikosaeders sind gleich, jeder 60^0; alle körperlichen Winkel des Ikosaeders sind ebenfalls gleich, jeder $139^0\ 11'\ 22''$.

§. 278.

Man stelle sich eine Kugel vor, und auf ihrer Oberfläche das Netz, welches aus sechs regulären sphärischen Vierecken besteht (§. 259). Man denke den Körper, welchen die Sehnen-Vierecke begränzen. Dieser Körper heißt ein Hexaeder, Würfel, Cubus.

Der Würfel ist von sechs congruenten Quadraten begränzt. Die Ecken des Würfels sind regulär und jede ist von drei Flächen gebildet. Die Anzahl der ebenen Winkel auf dem

Würfel ist 24. Die Anzahl der Ecken des Würfels ist acht; die Anzahl der Kanten ist zwölf.

Der Würfel liegt in einer Kugel, zugleich um eine Kugel. Beide Kugeln sind concentrisch.

Jeder ebene sowohl als jeder körperliche Winkel des Würfels ist ein rechter.

§. 279.

Man stelle sich eine Kugel vor, und auf derselben das Netz, welches zwölf reguläre sphärische Fünfecke enthält (§. 260). Man denke die Sehnen-Fünfecke der sphärischen Fünfecke, und den Körper, welchen die Sehnen-Fünfecke begränzen. Dieser Körper heißt ein Dodekaeder.

Das Dodekaeder ist von zwölf regulären congruenten Fünfecken begränzt. Jede Ecke des Dodekaeders ist regulär und gebildet von drei Flächen. Die Anzahl der ebenen Winkel auf der Oberfläche des Dodekaeders ist 60. Die Anzahl der Ecken des Dodekaeders ist zwanzig, die Anzahl der Kanten ist dreißig.

Das Dodekaeder liegt in einer Kugel, zugleich um eine Kugel, welche mit jener concentrisch ist.

Jeder ebene Winkel am Dodekaeder beträgt 108^0, jeder körperliche Winkel $116^0\ 33'\ 54''$.

§. 280.

Jeder Körper, welcher einem Netz auf der Kugelfläche zugehört, das aus congruenten regulären sphärischen necken gebildet ist, heißt ein regulärer Körper. Die fünf Körper, welche in den vorstehenden Paragraphen erklärt worden, sind demnach reguläre Körper. Sie sind die einzigen, welche es giebt, da außer den Netzen, denen sie zugehören, keine gebildet werden können.

§. 281. Aufgabe.

Die Kante eines Tetraeders sei a, man soll den Radius der Kugel berechnen, in welcher das Tetraeder liegt, den Radius der Kugel, um welche es liegt, den Inhalt des Tetraeders und die Oberfläche.

Auflösung. Man bestimme zuvörderst den Radius x der Kugel, in welcher das Tetraeder liegt. Zu dem Ende fälle man von einer Ecke P des Tetraeders eine Normale auf die gegenüberstehende Seitenebene. Die Normale trifft diese

Seitenebene in ihrem Mittelpunkt M, und geht durch den Mittelpunkt der Kugel. Man ziehe nach einer Ecke B der Seitenebene die gerade Linie MB und verlängere PM bis zum Durchschnitt Q der Kugelfläche. Alsdann verhält sich

$$PM:MB = MB:MQ$$

oder, da $MQ = 2x - PM$ ist,

$$MP:MB = MB:2x - PM.$$

Hieraus folgt
$$x = \frac{MB^2 + PM^2}{2PM}.$$

Es ist MB zwei Drittel von der Höhe der Seitenebene. Die Höhe ist gleich $\frac{a}{2}\sqrt{3}$, daher ist $MB = \frac{a}{3}\sqrt{3}$.

Es ist
$$PM^2 = PB^2 - MB^2$$
$$= a^2 - \frac{a^2}{3} = \frac{2}{3}a^2$$
$$PM = \frac{a}{3}\sqrt{6}.$$

Diese Werthe substituire man oben, und es entsteht

$$x = \frac{a}{4}\sqrt{6}.$$

Der Radius y der Kugel, um welche das Tetraeder liegt, ist gleich PM — x. Daher ist

$$y = \frac{a}{12}\sqrt{6}.$$

Der Inhalt des Tetraeders ist der dritte Theil des Products aus der Seitenebene und PM, daher gleich

$$\frac{a^3}{12}\sqrt{2}.$$

Die Oberfläche des Tetraeders ist

$$a^2\sqrt{3}.$$

§. 282. Aufgabe.

Die Kante eines Oktaeders sei a, man soll den Radius der Kugel berechnen, in welcher das Oktaeder liegt, den Radius der Kugel, um welche es liegt, den Inhalt des Oktaeders und seine Oberfläche.

Auflösung. Es werde zuerst der Radius x der Kugel berechnet, in welcher das Oktaeder liegt. Irgend eine Ecke des Oktaeders sei P. Die vier Ecken, welche zunächst an P liegen, seien B, C, D, G. Die Ecke P ist regulär, und die Bogen größter Kreise PB, PC, PD, PG sind gleich. Daraus erhellet, daß BCDG ein Quadrat ist, und P der Pol seiner Durchschnittsebene. Man fälle von P eine Normale auf das Quadrat. Die Normale trifft den Mittelpunkt M des Quadrats und geht durch den Mittelpunkt der Kugel. Man verlängere PM bis zum Durchschnitt Q mit der Kugelfläche und ziehe MB. Alsdann verhält sich

$$PM:MB = MB:MQ$$

oder

$$PM:MB = MB:2x - PM$$

und es folgt

$$x = \frac{MB^2 + PM^2}{2PM}.$$

Die Seite des Quadrats ist a. Daher ist

$$MB^2 = \frac{a^2}{2}.$$

Es ist

$$PM^2 = a^2 - MB^2 = \frac{a^2}{2}$$

$$PM = \frac{a}{2}\sqrt{2}.$$

Diese Werthe substituire man oben; das liefert

$$x = \frac{a}{2}\sqrt{2}.$$

Es ist also PM gleich dem Radius der Kugel. Daher geht die Ebene des Quadrats BCDG durch den Mittelpunkt der Kugel und zerlegt das Oktaeder in zwei congruente vierseitige Pyramiden.

Den Radius y der Kugel zu finden, um welche das Oktaeder liegt, fälle man von dem Mittelpunkt M der Kugel eine Normale MV auf eine Seitenebene des Oktaeders. Eine Ecke dieser Seitenebene sei K, man ziehe VK und MK. Die Linie VK ist zwei Drittel von der Höhe der Seitenebene, daher ist

$$VK = \frac{a}{3}\sqrt{3}.$$

Es ist MK, als Radius der Kugel, welche um das Oktaeder liegt, gleich $\frac{a}{2}\sqrt{2}$, und MV ist y; daher hat man

$$y^2 = MK^2 - VK^2 = \tfrac{1}{6}a^2$$

und
$$y = \frac{a}{6}\sqrt{6}.$$

Der Inhalt des Oktaeders ist

$$\frac{2 \cdot BCDG \cdot PM}{3}$$

und dies ist
$$\frac{a}{3}\sqrt[3]{2}.$$

Die Oberfläche des Oktaeders ist

$$2a^2\sqrt{3}.$$

§. 283. Aufgabe.

Die Kante eines Ikosaeders sei a, man soll den Radius der Kugel berechnen, in welcher das Ikosaeder liegt, den Radius der Kugel, um welche es liegt, den Inhalt des Ikosaeders und die Oberfläche desselben.

Auflösung. Zuerst werde der Radius x der Kugel berechnet, in welcher das Ikosaeder liegt. Irgend eine Ecke des Ikosaeders sei P. Die fünf Ecken, welche zunächst an P liegen, seien B, C, D, E, F. Die Ecke P ist regulär, und die Bogen größter Kreise PB, PC, PD, PE, PF sind gleich. Deshalb ist BCDEF ein reguläres Fünfeck und P ist der Pol seiner Durchschnittsebene. Von P aus fälle man eine Normale PM auf das Fünfeck. Die Normale trifft den Mittelpunkt M desselben und sie geht durch den Mittelpunkt der Kugel. Man verlängere die Normale bis zum Durchschnitt Q mit der Kugelfläche und ziehe MB. Es verhält sich

$$\begin{aligned} PM:MB &= MB:MQ \\ &= MB:2x - PM \end{aligned}$$

und hieraus folgt

$$x = \frac{MB^2 + PM^2}{2PM}.$$

MB ist der Radius des Kreises, in welchem das reguläre Fünfeck liegt. Das Fünfeck hat a zur Seite. Daher ist bekanntlich

$$a = \frac{MB}{2}\sqrt{2(5 - \sqrt{5})},$$

also $$MB^2 = \frac{2a^2}{5-\sqrt{5}} = \frac{5+\sqrt{5}}{10}a^2.$$

Es ist $$PM^2 = a^2 - MB^2$$

$$= \frac{5-\sqrt{5}}{10}a^2$$

$$PM = a\sqrt{\frac{5-\sqrt{5}}{10}}.$$

Diese Werthe substituire man oben, und es entsteht

$$x = \frac{a}{4}\sqrt{2(5+\sqrt{5})}.$$

Den Radius y der Kugel zu finden, um welche das Ikosaeder liegt, fälle man aus dem Mittelpunkt N der Kugel eine Normale NV auf eine Seitenebene des Ikosaeders, und ziehe nach einer Ecke K dieser Seitenebene die Linien VK und NK. Es ist NK gleich x, NV gleich y und

$$VK = \frac{a}{3}\sqrt{3}.$$

Man hat demnach $$y^2 = x^2 - VK^2$$

$$= \left(\frac{5+\sqrt{5}}{8} - \frac{1}{3}\right)a^2$$

$$= \frac{7+3\sqrt{5}}{24}a^2$$

$$= \frac{a}{12}\sqrt{6(7+3\sqrt{5})}.$$

Den Inhalt des Ikosaeders zu erhalten, zerlege man es in Pyramiden, deren Grundebenen die Seitenebenen sind und deren Spitzen im Mittelpunkt der Kugeln liegen. Die Grundebene einer jeden dieser Pyramiden ist $\frac{a^2}{4}\sqrt{3}$, die Höhe einer jeden Pyramide ist y, die Anzahl der Pyramiden 20. Der Inhalt des Ikosaeders ist daher gleich

$$\frac{20}{3}\cdot\frac{a^2}{4}\sqrt{3}\cdot\frac{a}{12}\sqrt{6(7+3\sqrt{5})}$$

oder $$\frac{5}{12}a^3\sqrt{2(7+3\sqrt{5})}$$

oder $$\frac{5}{12}a^3\sqrt{9+6\sqrt{5}+5}$$

oder $$\frac{5}{12}a^3(3+\sqrt{5}).$$

Die Oberfläche des Ikosaeders ist

$$5a^2\sqrt{3}.$$

§. 284. Aufgabe.

Die Kante eines Würfels sei a, man soll den Radius der Kugel berechnen, in welcher der Würfel liegt, den Radius der Kugel, um welche er liegt, den Inhalt und die Oberfläche des Würfels.

Auflösung. Der Radius der Kugel, um welche der Würfel liegt, ist gleich

$$\tfrac{1}{2}a.$$

Der Radius der Kugel, in welcher der Würfel liegt, ist gleich

$$\sqrt{(\tfrac{1}{2}a)^2+\frac{a^2}{2}},$$

also gleich $$\frac{a}{2}\sqrt{3}.$$

Der Inhalt des Würfels ist a^3, die Oberfläche $6a^2$.

§. 285. Aufgabe.

Die Kante eines Dodekaeders sei a, man soll den Radius der Kugel berechnen, in welcher das Dodekaeder liegt, den Radius der Kugel, um welche es liegt, den Inhalt und die Oberfläche des Dodekaeders.

Auflösung. Der Radius x der Kugel, welche um das Dodekaeder liegt, werde zuerst berechnet. Irgend eine Ecke des Dodekaeders sei P. Die drei Ecken, welche der Ecke P zunächst liegen, seien B, C, D. Die Ecke P ist regulär, und die Bogen größter Kreise PB, PC, PD sind einander gleich. Daher ist BCD ein reguläres Dreieck und P ist der Pol seiner Durchschnittsebene. Man fälle von P eine Normale auf das Dreieck BCD. Die Normale trifft den Mittelpunkt M des gleichseitigen Dreiecks BCD und geht verlängert durch den Mittelpunkt der Kugel. Man verlängere die Normale PM bis zum Durchschnitt Q mit der Kugelfläche, und ziehe MB. Dann verhält sich

$$PM:MB = MB:MQ = MB:2x - PM$$

und hieraus ist

$$x = \frac{MB^2 + PM^2}{2PM}.$$

Die Seite des gleichseitigen Dreiecks BCD ist die Diagonale des regulären Fünfecks, dessen Seite a ist. Die Diagonale des regulären Fünfecks ist parallel mit der Seite desselben, mit welcher die Diagonale keinen Punkt gemeinschaftlich hat. Man ziehe eine zweite Diagonale des Fünfecks. Diese theilt die erste in zwei Theile, von welchen der eine gleich der Seite a des regulären Fünfecks ist, der andere gleich der Seite des regulären Zehnecks, welches in einem Kreise liegt, der a zum Radius hat. Dies erhellet leicht aus den Winkeln, welche sich ergeben. Die Seite des gleichseitigen Dreiecks ist daher gleich

$$a + \frac{-1 + \sqrt{5}}{2} a,$$

welches einerlei ist mit

$$\frac{1 + \sqrt{5}}{2} a.$$

Die Linie MB ist zwei Drittel von der Höhe dieses gleichseitigen Dreiecks. Daher ist

$$MB = \frac{(1 + \sqrt{5})\sqrt{3}}{6} a.$$

Es ist

$$PM^2 = a^2 - MB^2$$

$$= \left(1 - \frac{1 + 2\sqrt{5} + 5}{12}\right) a$$

$$= \frac{3 - \sqrt{5}}{6} a$$

$$PM = \frac{a}{6} \sqrt{6(3 - \sqrt{5})}.$$

Diese Werthe substituire man oben und es entsteht

$$x = \frac{\frac{3+\sqrt{5}}{6}+\frac{3-\sqrt{5}}{6}}{2\frac{1}{6}\sqrt{6(3-\sqrt{5})}}a$$

$$= \frac{3}{\sqrt{6(3-\sqrt{5})}}a$$

oder

$$x = \frac{a}{4}\sqrt{6(3+\sqrt{5})}.$$

Den Radius y der Kugel zu bestimmen, um welche das Dodekaeder liegt, fälle man von dem Mittelpunkt N der Kugel eine Normale NV auf eine der Seitenebenen, und ziehe nach einer Ecke K dieser Seitenebene die Linien VK und NK. VK ist der Radius des Kreises, in welchem das reguläre Fünfeck liegt, und die Seite des letzteren ist a. Daher ist

$$a = \frac{VK}{2}\sqrt{2(5-\sqrt{5})},$$

und hieraus folgt

$$VK^2 = \frac{5+\sqrt{5}}{10}a^2.$$

Die Linie NK ist x, NV ist y, und daher hat man

$$y = x^2 - VK^2$$

$$= \left(\frac{3(3+\sqrt{5})}{8} - \frac{5+\sqrt{5}}{10}\right)a^2$$

$$= \frac{25+11\sqrt{5}}{40}a^2,$$

also

$$y = \frac{a}{20}\sqrt{10(25+11\sqrt{5})}.$$

Der Inhalt des Dodekaeders läßt sich angeben, wenn man ihn betrachtet als die Summe von zwölf fünfseitigen congruenten Pyramiden, von welchen jede eine Seitenebene des Dodekaeders zur Grundebene hat, und deren Spitzen im Mittelpunkt der Kugeln liegen. Die Höhe einer jeden der Pyramiden ist y, der Inhalt der Grundebene einer jeden ist, unter z den Radius des Kreises verstanden, welcher um dieselbe liegt:

$$\frac{5a}{4}\sqrt{4z^2-a^2},$$

Es ist aber $z = VK$. Daher ist dieser Inhalt einerlei mit

$$\frac{5a^2}{4}\sqrt{4\frac{5+\sqrt{5}}{10}-1}$$

$$= \frac{a^2}{4}\sqrt{5(5+2\sqrt{5})}.$$

Der Inhalt des Dodekaeders drückt sich also aus durch

$$\frac{12}{3}\cdot\frac{a^2}{4}\sqrt{5(5+2\sqrt{5})}\cdot\frac{a}{20}\sqrt{10(25+11\sqrt{5})}$$

$$= \frac{a^3}{4}\sqrt{2(5+2\sqrt{5})(25+11\sqrt{5})}$$

$$= \frac{a^3}{4}\sqrt{470+210\sqrt{5}}$$

$$= \frac{a^3}{4}(15+7\sqrt{5}).$$

Die Oberfläche des Dodekaeders ist

$$3a^2\sqrt{5(5+2\sqrt{5})}.$$

III. Von einigen durch Rhomben begränzten Körpern.

§. 286.

Ein Parallelepipedum, welches durch congruente Rhomben begränzt ist, heißt ein Rhomboeder.

Die Anzahl der ein Rhomboeder begränzenden Rhomben ist sechs. Alle Kanten des Rhomboeders sind gleich, und ihre Anzahl ist zwölf. Die Anzahl der ebenen Winkel auf der Oberfläche des Rhomboeders ist 24; zwölf von diesen Winkeln sind stumpf, die zwölf anderen sind spitz; die stumpfen Winkel sind einander gleich, ebenso die spitzen, und die spitzen Winkel sind die Supplemente zu den stumpfen. Von den zwölf körperlichen Winkeln sind sechs stumpf und einander gleich, sechs spitz, und einander gleich, und die stumpfen sind die Supplemente zu den spitzen. Am Rhomboeder finden sich acht Ecken; in jeder stoßen drei Flächen zusammen. — Jedes Rhomboeder hat zwei gleichseitige Ecken, welche einander gegenüber stehen. Die Seiten dieser gleichseitigen Ecken sind stumpf oder spitz; sind sie stumpf, so hat jede der übrigen sechs Ecken zwei spitze Seiten und eine stumpfe; sind sie spitz, so hat jede der übrigen sechs Ecken zwei stumpfe Seiten und eine spitze. Eine Ecke eines Rhomboeders kann nämlich nur enthalten

1) drei stumpfe Seiten,
2) zwei stumpfe Seiten und eine spitze,
3) eine stumpfe Seite und zwei spitze,
4) drei spitze Seiten,

und die Fälle 1) und 3) führen, wie sich leicht zu erkennen giebt, auf dasselbe Rhomboeder, eben so die Fälle 2) und 4). Vermittelst derselben sechs congruenten Rhomben können also zwei verschiedene Rhomboeder begränzt werden; je nachdem man die beiden gleichseitigen Ecken stumpfseitig oder spitzseitig einrichtet.

§. 287. Aufgabe.

Die Kante eines Rhomboeders sei a, die Seite der gleichseitigen Ecken sei α; man soll die körperlichen Winkel des Rhomboeders, die Oberfläche und den Inhalt berechnen.

Auflösung. Der Winkel der gleichseitigen Ecke sei x. Es ist nach §. 254

$$\mathrm{Sin}\,\tfrac{1}{2}x = \frac{\mathrm{Cos}\,60^0}{\mathrm{Cos}\,\frac{1}{2}\alpha} = \frac{1}{2\,\mathrm{Cos}\,\frac{1}{2}\alpha}.$$

Durch den körperlichen Winkel x des Rhomboeders kennt man auch den andern körperlichen Winkel desselben, denn er ist das Supplement zum ersten.

Der Inhalt eines der begränzenden Rhomben ist $a^2\,\mathrm{Sin}\,\alpha$; die Oberfläche des Rhomboeders ist daher $6a^2\,\mathrm{Sin}\,\alpha$.

Der Inhalt des Rhomboeders ist nach §. 188

$$2a^3\sqrt{\mathrm{Sin}\,\tfrac{3}{2}\alpha\,\mathrm{Sin}\,\tfrac{1}{2}\alpha^3}$$

oder

$$2a^3\,\mathrm{Sin}\,\tfrac{1}{2}\alpha\sqrt{\mathrm{Sin}\,\tfrac{1}{2}\alpha\,\mathrm{Sin}\,\tfrac{3}{2}\alpha}.$$

§. 288. Aufgabe.

Es seien die beiden Diagonalen der Rhomben gegeben, welche ein Rhomboeder begränzen, man soll die Kante des Rhomboeders, die körperlichen Winkel, die Oberfläche und den Inhalt bestimmen.

Auflösung. Die Hälfte der Diagonale, welche die Seiten der gleichseitigen körperlichen Ecke durchschneidet, sei p, die Hälfte der anderen sei q. Der Winkel der gleichseitigen körperlichen Ecke sei x, die Seite sei y.

Man hat die Kante des Rhomboeders gleich

$$\sqrt{p^2+q^2}$$

$$\mathrm{Sin}\tfrac{1}{2}y = \frac{q}{\sqrt{p^2+q^2}},$$

$$\mathrm{Cos}\tfrac{1}{2}y = \frac{p}{\sqrt{p^2+q^2}},$$

also $$\mathrm{Sin}\,y = \frac{2pq}{p^2+q^2};$$

ferner ist nach dem vorigen Paragraph

$$\mathrm{Sin}\tfrac{1}{2}x = \frac{1}{2\,\mathrm{Cos}\tfrac{1}{2}y} = \frac{\sqrt{p^2+q^2}}{2p},$$

also $$\mathrm{Cos}\tfrac{1}{2}x = \frac{\sqrt{3p^2-q^2}}{2p}$$

und $$\mathrm{Sin}\,x = \frac{\sqrt{(p^2+q^2)(3p^2-q^2)}}{2p^2}.$$

Eine Seitenfläche des Rhomboeders ist 2pq, also die Oberfläche 12pq. Die Höhe des Rhomboeders wird erhalten in dem Product aus der Kante in Sin y Sin x. Daher ist der Inhalt des Körpers gleich

$$2pq\cdot\sqrt{p^2+q^2}\cdot\frac{2pq}{p^2+q^2}\cdot\frac{\sqrt{(p^2+q^2)3p^2-q^2)}}{2p^2}$$

oder gleich $$2q^2\sqrt{3p^2-q^2}.$$

§. 289.

Es lassen sich viele von congruenten Rhomben begränzte Körper bilden, wenn es freisteht, den Ecken beliebig stumpfe und spitze Seiten zu geben. Die Anzahl dieser Körper wird beschränkt, wenn jede Ecke nur stumpfe oder nur spitze Seiten erhalten soll. Wir wollen in dem gegenwärtigen Paragraphen diejenigen Körper aufsuchen, welche von congruenten Rhomben begränzt und deren Ecken nur aus stumpfen oder nur aus spitzen Seiten gebildet sind.

Es stelle Fig. 27 einen Theil der Begränzung eines solchen Körpers vor. Die Ecke A sei stumpfseitig. Sie ist dann nothwendig dreiseitig, weil eine körperliche Ecke nicht mehr als drei stumpfe Seiten enthalten kann. Die drei Seiten der Ecke

A sind einander gleich, daher sind auch ihre Winkel einander gleich, und die Ecke A ist regulär. — Die Rhomben, welche die Ecke A bilden, haben bei C, E, G stumpfe Winkel. Deshalb sind die Ecken C, E, G der Ecke A congruent. Auch die Ecke L ist der Ecke A congruent.

Die Ecke B ist spitzseitig. Zwei Seiten derselben sind durch die Rhomben ABCD, ABGF, welche zur Ecke A gehören, gegeben. Der Winkel GBC ist stumpf, weil er dem Winkel FAD gleich ist. Die körperliche Ecke bei B zu erzeugen, sind daher wenigstens noch zwei spitze Seiten erforderlich; indeß können mehr noch als zwei dazu verwendet werden. Die Ecke B ist also wenigstens vierseitig, vielleicht mehrseitig. Wir wollen sie zuvörderst vierseitig annehmen. — Die Ecke B ist gleichseitig. Sie ist auch gleichwinklig, denn sie hat mit jeder der Ecken A, C, L, G einen Winkel gemeinschaftlich, und die letzteren Ecken sind congruent und gleichwinklig. Die Ecke B ist daher regulär. Es erhellet leicht, daß die Ecken D, F, H, M der Ecke B congruent sind. (Die Ecke D hat zunächst drei Seiten mit der Ecke B gleich, und die vierte Seite EDQ ist gleich der Seite GBL, weil ED ⫩ FA ⫩ GB, und DQ ⫩ CM ⫩ BL ist; ferner sind die Winkel der Ecke D gleich denen der Ecke B.)

An dem Körper kommen überhaupt zweierlei Ecken vor, die einen sind der Ecke A, die anderen der Ecke B congruent. Alle körperlichen Winkel des Körpers sind einander gleich.

Da die dreiseitige reguläre Ecke A mit der vierseitigen regulären Ecke B gleiche Winkel hat, während die Seite der einen dieser Ecken das Supplement ist zu der Seite der anderen, so erhellet, daß die Raute, welche zur Begränzung des Körpers dient, nicht eine ganz beliebige sein kann. Es erhellet ferner, daß die Seite des Rhombus gleichgiltig ist, aber die Winkel desselben bestimmte sind. Die Bestimmung dieser Winkel soll zunächst erfolgen.

Der spitze Winkel des Rhombus sei x, der körperliche Winkel des Körpers sei y. Nach §. 254 haben wir, wegen der Ecke A

$$1)\quad \mathrm{Sin}\frac{y}{2} = \frac{\mathrm{Cos}\,60}{\mathrm{Cos}\left(90-\frac{x}{2}\right)} = \frac{1}{2\,\mathrm{Sin}\frac{x}{2}}$$

und wegen der Ecke B

$$2)\quad \mathrm{Sin}\frac{y}{2} = \frac{\mathrm{Cos}\,45}{\mathrm{Cos}\,\frac{x}{2}} = \frac{\frac{1}{2}\sqrt{2}}{\mathrm{Cos}\,\frac{x}{2}}\,.$$

Die Werthe für $\operatorname{Sin}\frac{y}{2}$ setzen wir gleich, und erhalten

$$\frac{1}{\operatorname{Sin}\frac{x}{2}} = \frac{\sqrt{2}}{\operatorname{Cos}\frac{x}{2}}.$$

Es folgt $\operatorname{Cotg}\frac{x}{2} = \sqrt{2}$

und hierzu findet sich

$$x = 70^0\,31'\,44''.$$

Der andere Winkel des Rhombus ist, als Supplement zu x, gleich $109^0\,28'\,16''$.

Aus der Gleichung 1) ergiebt sich

$$\operatorname{Sin}\frac{x}{2} = \frac{1}{2\operatorname{Sin}\frac{y}{2}};$$

hieraus folgt $\operatorname{Cos}\frac{x}{2} = \frac{1}{2\operatorname{Sin}\frac{y}{2}}\sqrt{4\operatorname{Sin}\frac{y}{2}^2 - 1}.$

Die Gleichung 2) multiplicire man mit $\operatorname{Cos}\frac{x}{2}$ und substituire diesen Werth; das liefert

$$\sqrt{4\operatorname{Sin}\frac{y}{2}^2 - 1} = \sqrt{2}$$

$$\operatorname{Sin}\frac{y}{2} = \tfrac{1}{2}\sqrt{3},$$

also $\frac{y}{2} = 60^0$

und $y = 120^0$.

Wir wollen ferner die Anzahl der Begränzungsflächen, Ecken und Kanten des Körpers ausmitteln.

Die Anzahl der Ecken des Körpers sei e, die Anzahl seiner stumpfseitigen Ecken sei n, die Anzahl seiner spitzseitigen sei q. Die Anzahl der stumpfen Winkel auf der Oberfläche des Körpers ist gleich der der spitzen. Die stumpfseitigen Ecken sind dreiseitig, die spitzseitigen sind vierseitig. Daher ist

$$3n = 4q$$

und $n + q = e.$

Hieraus folgt $$n = \frac{4}{7}e$$

$$q = \frac{3}{7}e.$$

Die Anzahl der stumpfen Winkel auf der Oberfläche des Körpers ist also $\frac{12}{7}e$. Die Summe der Winkel auf der Oberfläche des Körpers beträgt so viel gestreckte Winkel, als stumpfe Winkel auf ihr vorkommen, (weil jeder durch einen spitzen im Rhombus zu 2R ergänzt wird); die Summe der Winkel auf der Oberfläche des Körpers beträgt daher $\frac{24}{7}e \cdot R$. Sie ist aber nach §. 270 auch gleich $(e-2)4R$. Das liefert die Gleichung

$$\frac{24}{7}e = (e-2)4.$$

Aus ihr folgt $$e = 14.$$

Die Anzahl n der stumpfseitigen Ecken ist nun $\frac{4}{7}e$ oder 8. Jede ist dreiseitig. Also finden sich auf der Oberfläche des Körpers 24 stumpfe Winkel. Jeder Rhombus enthält zwei stumpfe Winkel. Deshalb ist die Anzahl der begränzenden Rhomben zwölf. Aus §. 266 oder aus der Gleichung

$$e + f = k + 2$$

folgt, daß der Körper 24 Kanten hat.

Dieser Körper heißt ein Rhomben-Dodekaeder, auch Granatoeder. Er ist nach dem Bisherigen von zwölf congruenten Rhomben begränzt. Der spitze Winkel eines solchen Rhombus ist $70^0\,31'\,44''$, der stumpfe $109^0\,28'\,16''$. Der körperliche Winkel des Körpers ist 120^0. Der Körper hat 14 Ecken. Acht von diesen Ecken sind dreiseitig und stumpfseitig, die sechs übrigen sind vierseitig und ihre Seiten sind spitz. Die Anzahl der Kanten des Körpers ist 24.

Wir kehren zu Fig. 27 zurück. Sie stelle einen Theil der Begränzung eines von congruenten Rhomben begränzten Körpers vor. Die Ecke A enthalte wiederum drei stumpfe Seiten, die Ecke B sei aber aus fünf spitzen Seiten gebildet. Es erhellet leicht, daß die stumpfseitigen Ecken des Körpers regulär und congruent sind, eben so die spitzseitigen; daß an dem Körper nur zweierlei Ecken vorkommen, und daß alle körperlichen Winkel desselben gleiche Größe haben.

Der spitze Winkel des Rhombus sei x, der körperliche Winkel des Körpers y. Dann ist wegen der Ecke A

$$1)\quad \operatorname{Sin}\frac{y}{2} = \frac{\operatorname{Cos}60}{\operatorname{Cos}\left(90 - \frac{x}{2}\right)} = \frac{2}{2\operatorname{Sin}\frac{x}{2}}$$

und wegen der Ecke B

$$2)\quad \operatorname{Sin}\frac{y}{2} = \frac{\operatorname{Cos}36^0}{\operatorname{Cos}\frac{x}{2}}.$$

Die beiden Werthe für $\operatorname{Sin}\frac{y}{2}$ setzen wir gleich; das liefert

$$\frac{1}{2\operatorname{Sin}\frac{x}{2}} = \frac{\operatorname{Cos}36^0}{\operatorname{Cos}\frac{x}{2}}$$

$$\operatorname{Tg}\frac{x}{2} = \frac{1}{2\operatorname{Cos}36^0}$$

und hierzu findet sich $x = 63^0\ 26'\ 6''$.
Der stumpfe Winkel des Rhombus ist daher $116^0\ 33'\ 54''$.

Aus
$$\operatorname{Sin}\frac{y}{2} = \frac{1}{2\operatorname{Sin}\frac{x}{2}}$$
ergiebt sich $y = 144^0$.

Die Functionen der Winkel x und y lassen sich vermittelst Seiten regulärer Vielecke bestimmen; und der Winkel y ergiebt sich dabei ohne Hilfe der Tafeln. Die Bestimmung mag hier Platz finden, weil wir der Functionen noch in der Folge bedürfen.

Der Mittelpunktswinkel des regulären Fünfecks ist 72^0. Der Sinus von 36^0 ist daher die Hälfte der Seite des regulären Fünfecks in dem Kreise, dessen Halbmesser 1 ist. Also ist

$$\operatorname{Sin}36^0 = \tfrac{1}{4}\sqrt{2(5-\sqrt{5})}$$

$$\operatorname{Cos}36^0 = \tfrac{1}{4}\sqrt{6+2\sqrt{5}}$$

$$= \frac{1+\sqrt{5}}{4}.$$

Diesen Werth substituire man in 2). Es entsteht

$$\text{Sin}\frac{y}{2} = \frac{1+\sqrt{5}}{4\,\text{Cos}\frac{x}{2}}$$

und da auch
$$\text{Sin}\frac{y}{2} = \frac{1}{2\,\text{Sin}\frac{x}{2}},$$

so folgt
$$\text{Tg}\,\frac{x}{2} = \frac{2}{1+\sqrt{5}} = \frac{\sqrt{5}-1}{2}.$$

Hieraus weiter
$$\text{Tg}\,x = 2,$$

deshalb
$$\text{Sin}\,x = \frac{2}{\sqrt{5}}.$$

Aus
$$\text{Tg}\,\frac{x}{2} = \frac{2}{1+\sqrt{5}}$$

und
$$\text{Sin}\,x = \frac{2}{\sqrt{5}}$$

folgt
$$2\,\text{Sin}\frac{x^2}{2} = \frac{4}{(1+\sqrt{5})\sqrt{5}}$$

$$\text{Sin}\,\frac{x}{2} = \frac{2}{\sqrt{10+2\sqrt{5}}}.$$

Diesen Werth setze man in 1); das liefert

$$\text{Sin}\,\frac{y}{2} = \frac{\sqrt{10+2\sqrt{5}}}{4}.$$

Die Seite des Zehnecks zum Halbmesser 1 ist $\frac{-1+\sqrt{5}}{2}$.

Der Mittelpunktswinkel des Zehnecks ist 36^0. Daher ist

$$\text{Sin}\,18^0 = \frac{-1+\sqrt{5}}{4}$$

$$\text{Cos}\,18^0 = \frac{\sqrt{10+2\sqrt{5}}}{4}.$$

Folglich ist

$$\text{Sin}\,\frac{y}{2} = \text{Cos}\,18^0 = \text{Sin}\,72^0,$$

also
$$\frac{y}{2} = 72^0$$
$$y = 144^0.$$

Es ist noch die Anzahl der Begränzungsflächen, der Ecken und der Kanten des Körpers zu bestimmen.

Die Anzahl der Ecken sei e; die Anzahl der dreiseitigen Ecken sei n, die der fünfseitigen q. Dann ist
$$3n = 5q$$
und
$$n + q = e.$$
Hieraus folgt
$$q = \frac{3}{8}e$$
$$n = \frac{5}{8}e.$$
Die Anzahl der stumpfen Winkel auf der Oberfläche des Körpers ist daher $\frac{15}{8}e$, die Summe aller Winkel auf der Oberfläche des Körpers also $\frac{30}{8}e \cdot R$, und wir haben die Gleichung
$$\frac{30}{8}e = (e-2)4.$$
Aus ihr folgt
$$e = 32.$$
Nun ergiebt sich ferner $n = \frac{5}{8}e = 20$, also ist die Anzahl der stumpfen Winkel auf der Oberfläche des Körpers 60, und die Anzahl der begränzenden Rhomben 30. Die Anzahl der Kanten ist 60 nach §. 266.

Dieser zweite Körper heißt ein Rhomben-Triakontaeder. Er ist von 30 congruenten Rhomben begränzt. Der spitze Winkel dieser Rhomben ist $63^0\ 26'\ 6''$, der stumpfe $116^0\ 33'\ 54''$. Der körperliche Winkel des Körpers ist 144^0. Der Körper hat 32 Ecken. Zwanzig von diesen Ecken sind dreiseitig und ihre Seiten sind stumpf; die übrigen 12 sind fünfseitig und die Seiten sind spitz. Die Anzahl der Kanten des Körpers ist 60.

Wir kehren abermals zu Fig. 27 zurück. Die Ecke A habe drei stumpfe Seiten, die Ecke B sei aber aus sechs spitzen Seiten gebildet. Der spitze Winkel des Rhombus sei x, der körperliche Winkel des Körpers sei y. Es ergeben sich, wie oben, die Gleichungen:

$$\text{Sin}\frac{y}{2} = \frac{\text{Cos}\,60}{\text{Sin}\frac{x}{2}} = \frac{\text{Sin}\,30}{\text{Sin}\frac{x}{2}}$$

$$\text{Sin}\frac{y}{2} = \frac{\text{Cos}\,30}{\text{Cos}\frac{x}{2}}.$$

Aus ihnen folgt

$$\text{Tg}\frac{x}{2} = \text{Tg}\,30.$$

Daher ist $\frac{x}{2} = 30^0$

und $x = 60^0$.

Der stumpfe Winkel des Rhombus mißt demnach 120^0; und da dieser nicht als Seite der körperlichen Ecke A dienen kann, so kann die Ecke B nicht aus sechs Seiten gebildet werden.

Wollte man der Ecke B mehr als sechs Seiten geben, so würde der Winkel x noch kleiner ausfallen, und der stumpfe Winkel des Rhombus größer als 120^0. Daraus erhellet, daß das Rhomben-Dodekaeder und das Rhomben-Triakontaeder die einzigen Körper sind, deren Begränzungen aus congruenten Rhomben bestehen, und deren Ecken nur stumpfe oder nur spitze Seiten enthalten.

§. 290. Lehrsatz.

Sowohl beim Rhomben-Dodekaeder als beim Rhomben-Triakontaeder findet ein Punkt Statt, welcher von allen Begränzungsebenen gleich weit entfernt ist; und dieser Punkt liegt da, wo die Normalen sich schneiden, welche auf zwei benachbarten Rhomben in den Durchschnittspunkten ihrer Diagonalen errichtet sind.

Beweis. Man ziehe Fig. 27 die Diagonalen der Rhomben ABCD und ADEF. Die Durchschnittspunkte der Diagonalen seien N und P. — Von N aus fälle man eine Normale NX, von P aus eine Normale PY auf die Kante AD. Diese Normalen treffen denselben Punkt S der Kante AD; denn es sind die Dreiecke ADN und ADP congruent, dann auch die Dreiecke ANX und APY. — Die Ebene NSP steht normal auf jedem der Rhomben ABCD und ADEF. In den Punkten N und P errichte man Normalen auf den Rhomben. Die Normalen fallen in die Ebene NSP, und schneiden sich in einem Punkte V. Die Dreiecke VNS und VPS sind congruent. Daher sind die Normalen NV und PV gleich. — Es erhellet, daß je zwei benachbarte Rhomben dasselbe Resultat gewährt haben würden. Deshalb treffen die Normalen, welche auf den Rhomben in den Durchschnittspunkten der Diagonalen errichtet werden, alle in denselben Punkt zusammen, und sind einander gleich. Das ist der Satz.

§. 291. Zusätze.

1) Das Rhomben-Dodekaeder sowohl als das Rhomben-Triakontaeder liegt um eine Kugel.

2) Aus der Congruenz der Dreiecke VNS und VPS erhellet, daß der Winkel VSN die Hälfte von dem körperlichen Winkel y des Körpers ist. Der Radius VN drückt sich daher aus durch $\mathrm{NS\,Tg}\,\frac{y}{2}$. — Es sei a die Seite des Rhombus, x der spitze Winkel desselben. Dann ist NS gleich $\frac{1}{2}\mathrm{a\,Sin\,x}$. Dies erhellet leicht, wenn man von C aus eine Normale auf die Kante AD fällt. — Der Radius der Kugel drückt sich demnach aus durch

$$\tfrac{1}{2}\mathrm{a\,Sin\,x\,Tg}\,\frac{y}{2}.$$

§. 292. Aufgabe.

Die Kante eines Rhomben-Dodekaeders sei a; man soll den Radius der Kugel berechnen, um welche es liegt, die Oberfläche und den Inhalt des Rhomben-Dodekaeders.

Auflösung. Nach dem vorigen Paragraphen drückt sich der Radius der Kugel aus durch

$$\tfrac{1}{2}\mathrm{a\,Sin\,x\,Tg}\,\frac{y}{2},$$

unter x den spitzen Winkel des Rhombus, unter y den körperlichen Winkel des Körpers verstanden. Es ist nach §. 289

$$\mathrm{Cotg}\frac{x}{2} = \sqrt{2},$$

daher

$$\mathrm{Sin}\,\frac{x}{2} = \frac{1}{\sqrt{3}}$$

$$\mathrm{Cos}\,\frac{x}{2} = \sqrt{\tfrac{2}{3}},$$

also

$$\mathrm{Sin\,x} = \tfrac{2}{3}\sqrt{2}.$$

Es ist ferner nach demselben Paragraph $\mathrm{Sin}\frac{y}{2} = \frac{1}{2}\sqrt{3}$, also $\mathrm{Cos}\frac{y}{2} = \frac{1}{2}$, und $\mathrm{Tg}\frac{y}{2} = \sqrt{3}$. Diese Werthe substituire man oben, und es entsteht für den Radius der Kugel

$$\tfrac{1}{2} a \tfrac{2}{3}\sqrt{2}\cdot\sqrt{3}$$

oder

$$a\sqrt{\tfrac{2}{3}}.$$

Die Oberfläche des Rhomben-Dodekaeders ist $12a^2 \mathrm{Sin}\, x$, oder, wenn man für $\mathrm{Sin}\, x$ den Werth setzt, $8a^2\sqrt{2}$.

Den Inhalt des Rhomben-Dodekaeders zu bestimmen, betrachte man ihn aus 12 Pyramiden zusammengesetzt, von welchen jede eine Seitenfläche zur Grundebene hat, und deren Spitzen im Mittelpunkt der Kugel sich befinden, um welche das Rhomben-Dodekaeder liegt. Man erhält für den Inhalt

$$\tfrac{1}{3}\cdot 8a^2\sqrt{2}\cdot a\sqrt{\tfrac{2}{3}}$$

oder

$$\frac{16}{9}a^3\sqrt{3}.$$

§. 293. Aufgabe.

Die Kante eines Rhomben-Triakontaeders sei a; man soll den Radius der Kugel berechnen, um welche es liegt, die Oberfläche und den Inhalt des Rhomben-Triakontaeders.

Auflösung. Der Radius der Kugel ist nach §. 291 gleich

$$\tfrac{1}{2} a \,\mathrm{Sin}\, x\, \mathrm{Tg}\frac{y}{2},$$

wenn x den spitzen Winkel des Rhombus, y den körperlichen Winkel des Körpers vorstellt. Nach §. 289 ist

$$\mathrm{Sin}\, x = \frac{2}{\sqrt{5}},$$

ferner

$$\mathrm{Sin}\frac{y}{2} = \frac{\sqrt{10+2\sqrt{5}}}{4}$$

$$\mathrm{Cos}\frac{y}{2} = \frac{-1+\sqrt{5}}{4},$$

also

$$\mathrm{Tg}\frac{y}{2} = \frac{\sqrt{10+2\sqrt{5}}}{-1+\sqrt{5}}$$

$$= \frac{(1+\sqrt{5})\sqrt{10+2\sqrt{5}}}{4} = \sqrt{5+2\sqrt{5}}.$$

Wenn man diese Werthe substituirt, entsteht für den Radius

$$a\sqrt{1+\tfrac{2}{5}\sqrt{5}}.$$

Die Oberfläche ist gleich

$$12a^2\sqrt{5}.$$

Der Inhalt ist

$$4a^3\sqrt{5+2\sqrt{5}}.$$

Uebergänge und Verwandtschaften.

1.

Man stelle sich ein Tetraeder vor. Auf jeder von den vier Begränzungsflächen errichte man in dem Mittelpunkt eine Normale, nehme die Normalen gleich groß, und denke über jeder von den Begränzungsflächen eine dreiseitige Pyramide, welche die Normale zur Höhe hat. Das Tetraeder geht dadurch über in ein Pyramiden-Tetraeder, und dies ist von zwölf gleichschenkligen congruenten Dreiecken begränzt.

Den Normalen kann man eine solche Größe geben, daß je zwei an einer Kante des Tetraeders zusammenstoßende Dreiecke in eine Ebene fallen. Das Pyramiden-Tetraeder geht dann in einen Körper über, welcher von sechs congruenten Rhomben begränzt ist, und es läßt sich zeigen, daß diese Rhomben Quadrate sind, der entstandene Körper ist also ein Würfel.

Die eine Diagonale der Rhomben ist die Kante des Tetraeders; wir werden zeigen, daß die zweite ihr gleich sei. Die Kante des Tetraeders sei 1, dann ist jede Höhe jedes der es begränzenden Dreiecke gleich $\frac{1}{2}\sqrt{3}$. Durch eine Kante AB des Tetraeders denke man eine Ebene normal zur gegenüberstehenden Kante CD. Diese wird in ihrer Mitte Q getroffen, und die Ebene schneidet das Tetraeder in einem Dreieck ABQ Fig. 28, dessen Seite AB gleich 1 ist, während jede der Seiten AQ und BQ gleich ist $\frac{1}{2}\sqrt{3}$. Der an der Kante CD liegende Rhombus wird in der Diagonale GH geschnitten, und LH und NG sind die Normalen auf den in CD zusammenstoßenden Tetraederflächen. QL ist ein Drittel von QB. Der Winkel AQB ist der körperliche Winkel des Tetraeders, und man hat

$$1 = \frac{3}{4} + \frac{3}{4} - 2\frac{3}{4}\,\mathrm{Cos}\,AQB,$$

also $\mathrm{Cos}\,AQB = \frac{1}{3}$.

Deshalb trifft eine von A auf QB gefällte Normale den Punkt L. Nun verhält sich

$$QH : AB = QL : BL = 1 : 2,$$

daher ist $GH = AB$. Der Rhombus ist mithin ein Quadrat, und der Körper ein Würfel.

Wenn man in jeder von zwei parallelen Würfelflächen eine Diagonale zieht, so daß diese Diagonalen rechte Winkel bilden, so sind die an den Endpunkten dieser Diagonalen liegenden Würfelecken Ecken eines Tetraeders, aus dem der Würfel hervorgehen kann. Ueberhaupt lassen sich die Diagonalen der Würfelflächen als die Kanten zweier gleichen Tetraeder gruppiren, und aus jedem derselben läßt sich der Würfel erhalten.

2.

Man stelle sich einen Würfel vor. Auf jeder von den Begränzungsflächen errichte man in ihrem Mittelpunkt eine Normale, nehme die Normalen gleich, und denke über jeder der Begränzungsflächen eine vierseitige Pyramide, welche die Normale zur Höhe hat. Der Würfel geht dadurch über in einen Pyramiden-Würfel; und dieser ist begränzt von 24 congruenten gleichschenkligen Dreiecken.

Die Normalen kann man so groß denken, daß je zwei an einer Kante des Würfels zusammenstoßende Dreiecke in eine Ebene gerathen. Der Pyramiden-Würfel geht dadurch in einen Körper über, welcher von 12 congruenten Rhomben begränzt ist, und dieser Körper ist das Granatoeder.

Man schneide den Würfel durch eine Ebene, welche durch die Mitte einer Kante geht und auf derselben normal steht. Die Ebene schneidet die drei Kanten des Würfels, welche mit jener parallel sind, gleichfalls in ihren Mitten und steht auf ihnen normal. Der Würfel wird von der Ebene in einem Quadrat geschnitten, welches congruent ist seinen Begränzungsflächen, sie enthält vier von den Normalen, und diese stehen auf den Mitten der Seiten jenes Quadrats, endlich schneidet die Ebene die vier Rhomben, welche an den geschnittenen Würfelkanten liegen, in Diagonalen. Diese bilden ein Quadrat, dessen Ecken die Endpunkte der Normalen sind, und dessen Seiten parallel sind und gleich den Diagonalen des ersteren Quadrats. Die eine Diagonale des Rhombus ist also gleich der Kante des Würfels, die andere gleich der Diagonale zu dem Quadrat über der Kante.

Die Kante des Würfels ist gleich 1. ACBD Fig. 29 sei einer der Rhomben, welche den Körper begränzen, in den wir den Würfel haben übergehen lassen. Die Diagonale AB sei gleich der Kante des Würfels, also gleich 1; die andere CD ist dann gleich $\sqrt{2}$, und es findet sich $AC = \frac{1}{2}\sqrt{3}$. Das Dreieck ABC ist daher dem Dreieck ABQ Fig. 28 ähnlich, und es ist der spitze Winkel ACB des Rhombus gleich dem körperlichen Winkel des Tetraeders. Man kann sich jetzt leicht überzeugen, daß der in Rede stehende Körper das bereits früher betrachtete Granatoeder ist.

Man fälle die Normale BQ. Die Dreiecke ABQ und ACN sind ähnlich, und es verhält sich

$$AB:BQ = AC:CN$$

oder $$1:BQ = \tfrac{1}{2}\sqrt{3}:\tfrac{1}{2}\sqrt{2} = \sqrt{3}:\sqrt{2};$$

daraus ist $$BQ = \sqrt{\tfrac{2}{3}} = \tfrac{1}{3}\sqrt{6}.$$

Man denke eine Diagonale einer Würfelfläche, und fälle aus ihren Endpunkten Normalen auf die eine der ihr zunächst gegenüberliegenden Kanten des Granatoeders. Jede der Normalen wird gleich der Linie BQ, und es entsteht ein Dreieck, in welchem diese Normalen den körperlichen Winkel des Granatoeders bilden. Nennen wir ihn y, so hat man

$$2 = \tfrac{2}{3} + \tfrac{2}{3} - 2\tfrac{2}{3}\,\mathrm{Cos}\,y,$$

also $$\mathrm{Cos}\,y = -\tfrac{1}{2}$$

und $$y = 120^0.$$

Man stelle sich einen Würfel vor und das Granatoeder, in welches man den Würfel kann übergehen lassen. Die kleineren Diagonalen der Granatoederflächen sind die Kanten des Würfels, die größeren Diagonalen bilden die Kanten eines Oktaeders. Es fällt in die Augen, daß das Granatoeder auch hervorgeht, wenn man das Oktaeder zunächst in ein Pyramiden-Oktaeder übergehen, und die Höhen der hinzugetretenen Pyramiden anwachsen läßt, bis je zwei an einer Oktaederkante zusammenstoßende Dreiecke in eine Ebene gerathen. An jedem Granatoeder finden sich daher acht Ecken, die einem Würfel zugehören, und die übrigen sechs entsprechen einem Oktaeder. Die Würfelecken sind stumpfseitig, die Oktaederecken spitzseitig. Läßt man das Granatoeder aus dem Würfel hervorwachsen, so sind des Oktaeders Ecken die hinzutretenden, entspringt es aus dem Oktaeder, so treten die Würfelecken hinzu.

3.

Bei der Stellung, welche die drei Körper Würfel, Granatoeder und Oktaëder zu einander einnehmen, ist leicht ersichtlich, daß durch Abstumpfung der Oktaederecken Würfelflächen, durch Abstumpfung der Würfelecken Oktaederflächen sich bilden, durch Abstumpfung der Kanten des Würfels oder der Kanten des Oktaeders aber Granatoederflächen auftreten. Dies führt zu den Combinationen aus diesen Körpern.

Man stelle sich einen Würfel vor, und stumpfe die Ecken ab durch Ebenen, welche durch die Mitten der Würfelkanten gehen. Dadurch entsteht ein Körper, welcher als Combination des Würfels und Oktaeders erscheint, und der durch sechs congruente Quadrate und acht congruente gleichseitige Dreiecke begränzt ist. Dieser Körper heißt Cubooktaeder. Derselbe Körper geht hervor, indem man die Ecken eines Oktaeders abstumpft durch Ebenen, welche man durch die Mitten der Oktaederkanten legt.

4.

Man stelle sich ein Oktaeder vor. Die zwölf Kanten bilden drei congruente Quadrate. Man schneide das Oktaeder durch eine Ebene, welche durch die Mitten zweier parallelen Kanten geht. Die Durchschnittsfigur ist ein Rhombus, dessen eine Diagonale gleich der Seite eines solchen Quadrats ist, während die andere gleich ist einer Diagonale. Dieser Rhombus ist also ähnlich den Granatoederflächen, sein spitzer Winkel ist gleich dem körperlichen Winkel des Tetraeders, sein stumpfer gleich dem des Oktaeders. Je zwei Oktaederflächen, welche in einer Ecke zusammenstoßen, aber nicht in einer Kante, bilden daher den Winkel des Tetraeders, und je vier Oktaederflächen, welche nicht in einer Kante zusammenstoßen, sind Tetraederflächen. Das Oktaeder läßt sich als Combination zweier Tetraeder betrachten u. s. w.

5.

Man stelle sich ein Granatoeder vor. Auf jeder von seinen Flächen errichte man in dem Durchschnittspunkt der Diagonalen eine Normale, nehme die Normalen gleich, und denke über jeder Granatoederfläche eine vierseitige Pyramide, welche die Normale zur Höhe hat. Das Granatoeder geht dadurch in ein Pyramiden-Granatoeder über, und dies ist von 48 congruenten, gleichschenkligen Dreiecken begränzt.

Die Normalen nehme man weiter so groß, daß je zwei an einer Kante des Granatoeders zusammenstoßende Dreiecke in eine Ebene fallen. Das Pyramiden-Granatoeder geht dadurch in einen Körper über, welcher von 24 congruenten Vierecken begränzt ist. Dieser Körper heißt Leucitoeder.

Es sei ACBD Fig. 29 eine der Granatoederflächen. Wir setzen $AB = 1$, und es ist $CD = \sqrt{2}$, $AC = \frac{1}{2}\sqrt{3}$. In der Leucitoederfläche stehen die Diagonalen auf einander normal; die eine ist gleich AC; wir wollen die zweite bestimmen. Man denke die Normalen BQ und NP. Es ist $CQ = \frac{1}{3} AC$, also, da N die Mitte von AB ist, auch $AP = \frac{1}{3} AC = \frac{1}{6}\sqrt{3}$

$$\text{und} \qquad NP = \tfrac{1}{2} BQ = \tfrac{1}{6}\sqrt{6} \quad (2).$$

Der Winkel des Granatoeders ist 120^0. Man denke in N eine Normale NT auf der Ebene errichtet, so groß, daß der Winkel NPT gleich 30^0 werde, und es ist PT die halbe zweite Diagonale der Leucitoederfläche. Man hat nun

$$\begin{aligned} PT &= NP \operatorname{Sec} 30^0 \\ &= \tfrac{1}{6}\sqrt{6}\,\frac{2}{\sqrt{3}} \\ &= \tfrac{1}{3}\sqrt{2}. \end{aligned}$$

Demnach ist die zweite Diagonale gleich $\frac{2}{3}\sqrt{2}$. Die Diagonalen der Leucitoederfläche verhalten sich daher wie $\frac{2}{3}\sqrt{2} : \frac{1}{2}\sqrt{3}$ oder wie $4\sqrt{2} : 3\sqrt{3}$; sie stehen, wie schon erwähnt, normal auf einander, und es wird die, welche gleich der Kante des Granatoeders ist, von der anderen in zwei Theile getheilt, die sich verhalten wie $1 : 2$.

Es sei ASCT Fig. 30 eine Leucitoederfläche, AC sei $\frac{1}{2}\sqrt{3}$, dann ist $ST = \frac{2}{3}\sqrt{2}$, und es findet sich $CT = \frac{1}{3}\sqrt{5}$. Man denke aus A eine Normale AV auf CT gefällt; es verhält sich

$$AV : AC = PT : TC$$

$$\text{oder} \qquad AV : \tfrac{1}{2}\sqrt{3} = \tfrac{1}{3}\sqrt{2} : \tfrac{1}{3}\sqrt{5} = \sqrt{2} : \sqrt{5}$$

$$\text{und daraus ist} \qquad AV = \tfrac{1}{10}\sqrt{30}.$$

Man denke Fig. 29 aus den Endpunkten der Diagonale AB Normalen auf die Leucitoederkante CT gefällt. Sie werden gleich AV, und es entsteht ein Dreieck, dessen Seiten 1, $\frac{1}{10}\sqrt{30}$ und $\frac{1}{10}\sqrt{30}$ sind, und welches der Seite 1 gegenüber einen körperlichen Winkel φ des Leucitoeders enthält. Aus dem Dreieck findet sich leicht

$$\operatorname{Cos} \varphi = -\tfrac{2}{3}.$$

Der an der kürzeren Kante befindliche Winkel φ' des Leucitoeders ist von jenem verschieden, und es findet sich auf ähnliche Weise

$$\operatorname{Cos} \varphi' = -\tfrac{5}{6}.$$

Man stelle sich ein Leucitoeder vor und das Granatoeder, aus welchem das Leucitoeder hervorgehen kann. Die kleineren Diagonalen der Leucitoederflächen sind die Kanten des Granatoeders, die größeren bilden die Kanten eines Cubooktaeders. Das Leucitoeder geht daher auch hervor, indem man das Cubooktaeder in ein Pyramiden-Cubooktaeder übergehen läßt u. s. w.

6.

Man stelle sich einen Würfel vor. In der Mitte jedes der begränzenden Quadrate nehme man eine gerade Linie parallel zu zweien Seiten des Quadrats, und symmetrisch zu allen vier Seiten. Die Linien nehme man gleich, und so gelegen, daß jede normal steht auf denen in den benachbarten Würfelflächen, wie Fig. 31 es andeutet. Die Linien erhebe man gleichmäßig, und lasse auf solche Weise über jeder Würfelfläche ein schief abgeschnittenes symmetrisches dreiseitiges Prisma sich bilden. Die Linien erhebe man soweit, daß je zwei an einer Würfelkante zusammenstoßende Flächen in eine Ebene gerathen. Dadurch entsteht ein Körper, welcher von 12 congruenten Fünfecken begränzt ist. Die Gestalt der Fünfecke hängt von der Länge der Linien ab, welche man sich hat erheben lassen, und es fällt in die Augen, daß auch das reguläre Dodekaeder in dieser Weise sich bilden läßt.

Die Diagonalen der Flächen des regulären Dodekaeders lassen sich gruppiren zu den Kanten von fünf gleichen Würfeln, und aus jedem dieser Würfel kann das Dodekaeder hervorgehen.

7.

Man stelle sich ein reguläres Dodekaeder vor, und lasse es in ein Pyramiden-Dodekaeder übergehen. Dies ist begränzt von 60 gleichschenkligen congruenten Dreiecken. Die Höhen der hinzugetretenen Pyramiden lasse man wachsen bis je zwei an einer Dodekaederkante zusammenstoßende Dreiecke in eine Ebene fallen. Dadurch entsteht ein Körper, welcher von 30 congruenten Rhomben begränzt ist, und dieser Körper ist das Rhomben-Triakontaeder.

Beim Rhomben-Triakontaeder sind die einen Diagonalen der Rhomben die Kanten des Dodekaeders, die anderen aber bilden die Kanten eines Ikosaeders, so daß man auch aus diesem das Triakontaeder in der mehrfach angewendeten Weise kann lassen hervorwachsen.

Die Rechnungen führen sich hier in eben so elementarer Weise aus, wie in den früheren Nummern. Bemerkenswerth ist, daß der körperliche Winkel des regulären Dodekaeders gleich ist dem einen Winkel des Rhombus vom Triakontaeder.

8.

Das Triakontaeder kann man in ein Pyramiden-Triakontaeder übergehen lassen, und dies weiter in einen Körper, welcher durch 60 congruente Vierecke begränzt ist. Die einen Diagonalen des letzteren Körpers sind die Kanten des Triakontaeders, die anderen bilden die Kanten eines Körpers, der von 12 congruenten regulären Fünfecken, und von 20 congruenten gleichseitigen Dreiecken begränzt ist. Dieser Körper geht sowohl aus dem Dodekaeder als aus dem Ikosaeder hervor, wenn man die Ecken durch Ebenen abstumpft, welche man durch die Mitten der Kanten legt; und aus ihm läßt sich wiederum jener Körper bilden, der begränzt ist von 60 Vierecken.

9.

Das Tetraeder ging durch das Pyramiden-Tetraeder in den Würfel über. In diesem erscheinen zwei Tetraeder und sie schneiden sich in einem Oktaeder. — Aus dem Würfel sowohl wie aus dem Oktaeder gelangt man zum Granatoeder. In ihm treten jedesmal Würfel und Oktaeder auf, sich in einem Cubooktaeder schneidend. — Granatoeder und Cubooktaeder gewähren jedes das Leucitoeder. U. s. w.

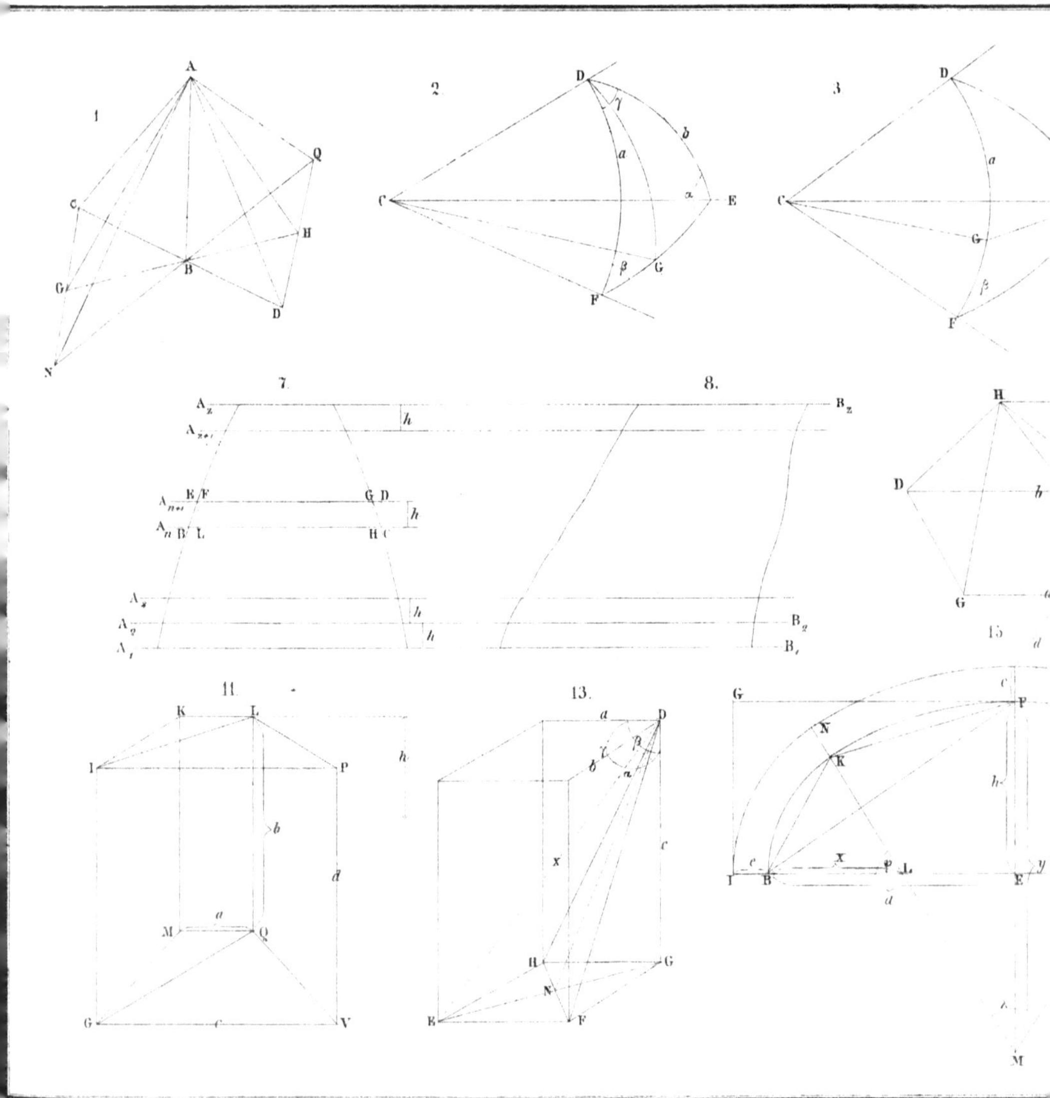

Wolff's Geometrie II. Th.

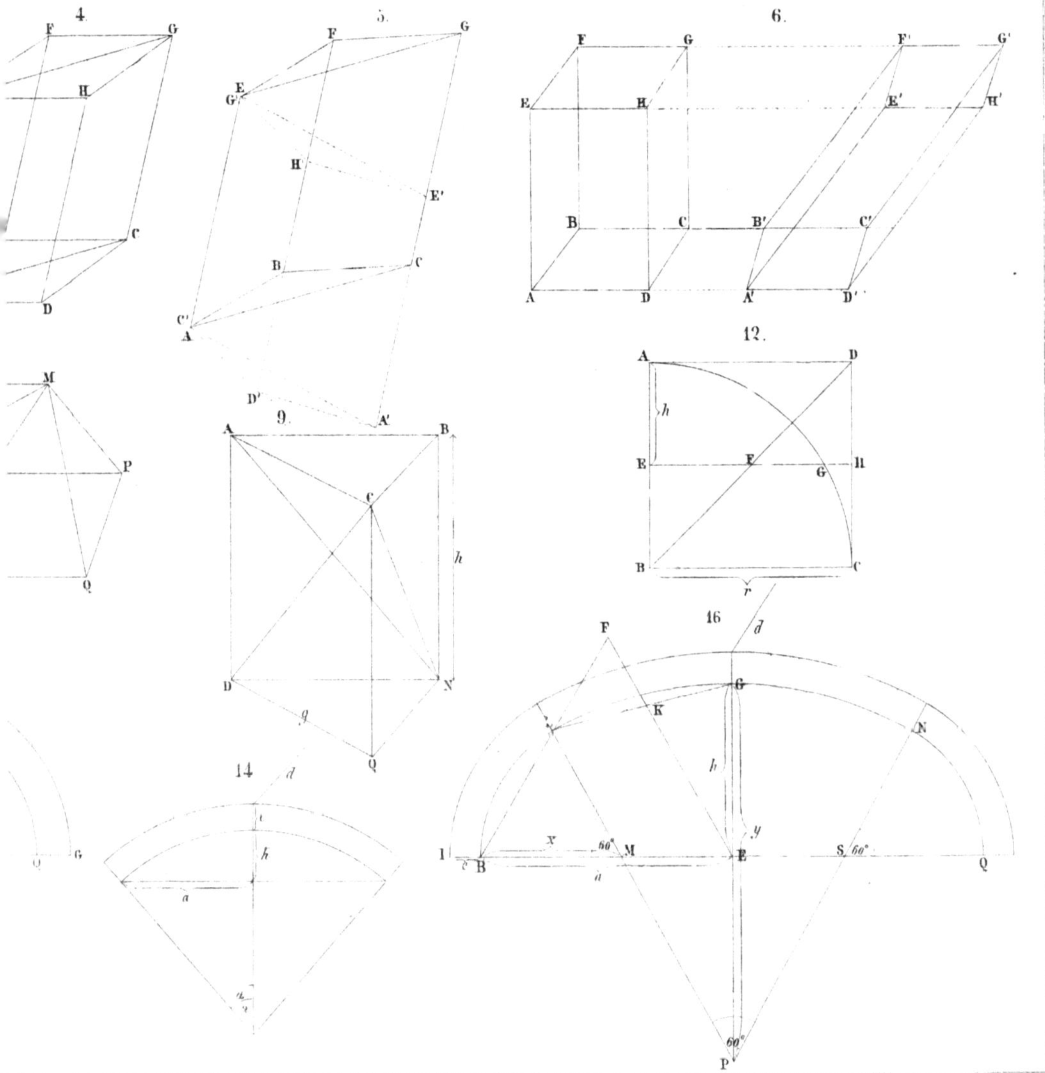

Lith. Anst. v. Kraatz in Berlin

17.

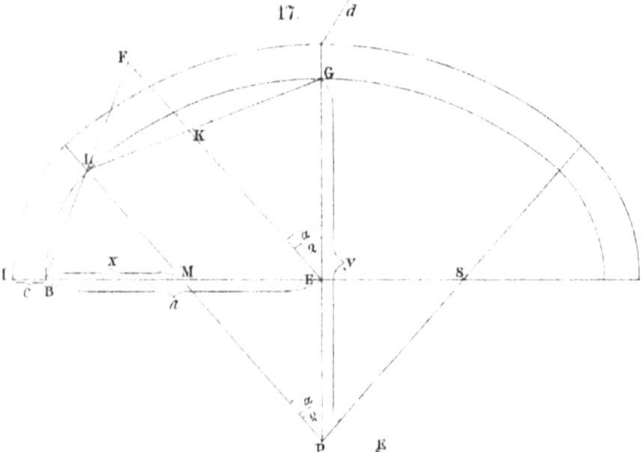

18.

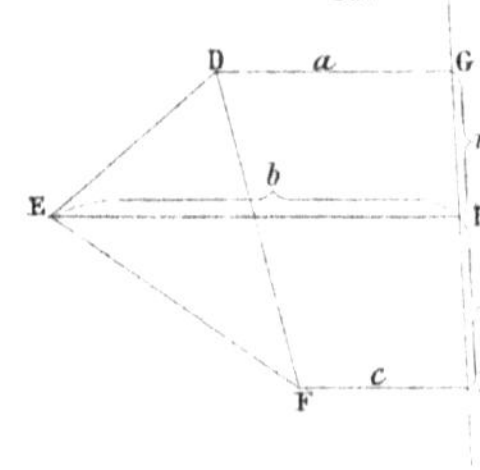

22.

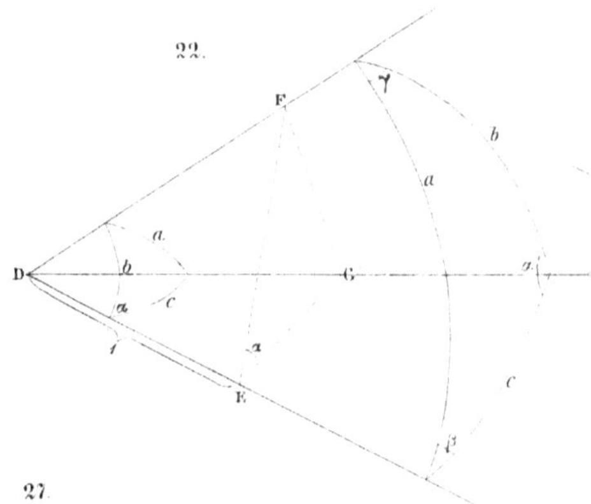

23.

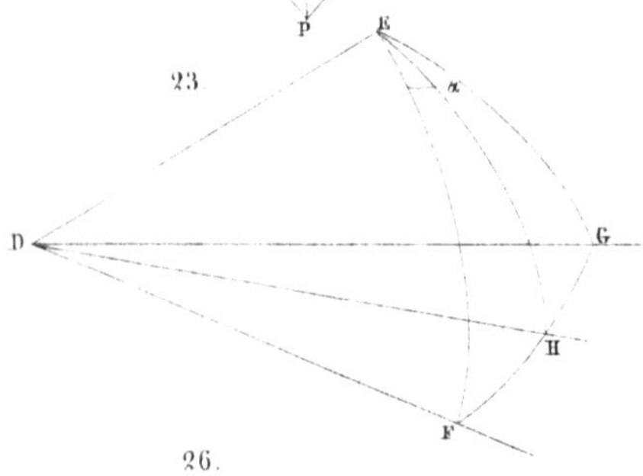

26.

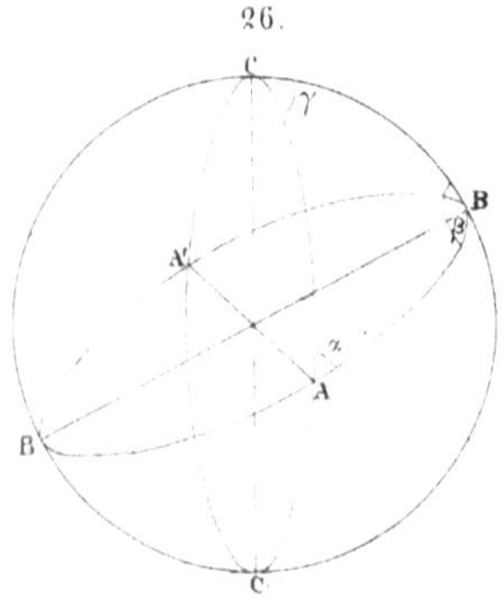

27.

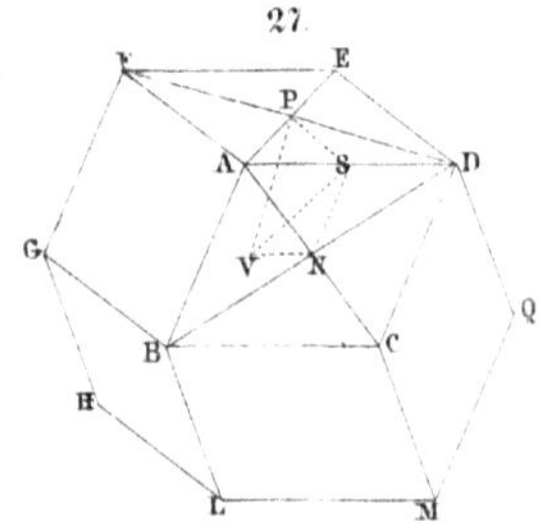

28.

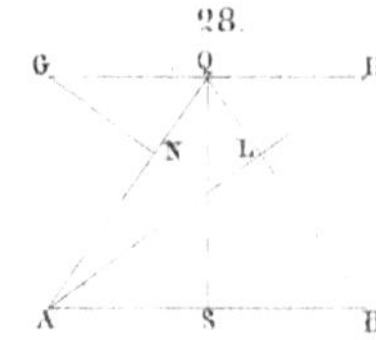

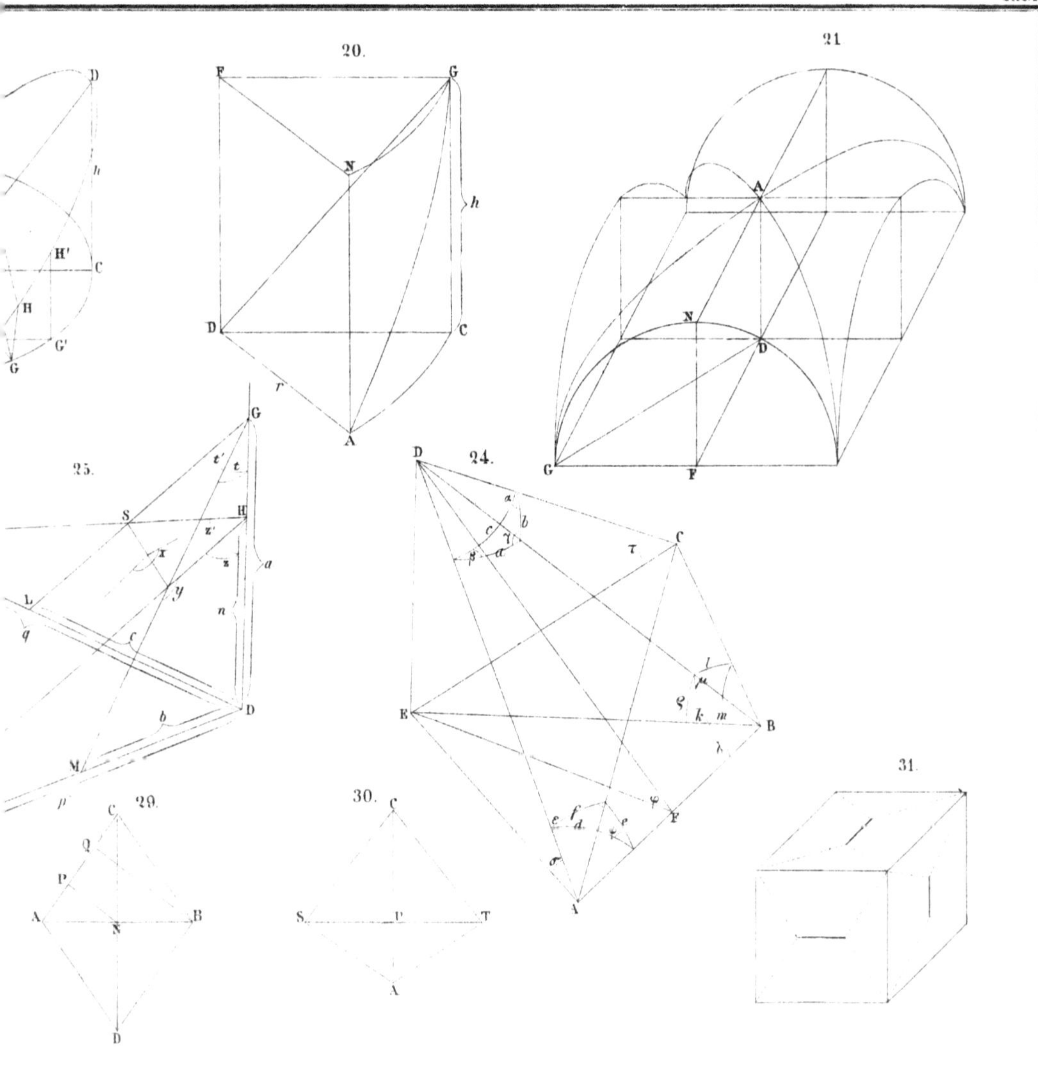

Lith. Anst. v. L. Kraatz in Berlin

FSC
www.fsc.org
MIX
Papier | Fördert gute Waldnutzung
FSC® C083411

Zeitfracht Medien GmbH
Ferdinand-Jühlke-Straße 7
99095 Erfurt, Deutschland
produktsicherheit@kolibri360.de